高等职业院校基于工作过程项目式系列教材
企业级卓越人才培养解决方案“十三五”规划教材

职业素养与能力养成教程

天津滨海迅腾科技集团有限公司 主编

南开大学出版社
天 津

图书在版编目 (CIP) 数据

职业素养与能力养成教程 / 天津滨海迅腾科技集团有限公司主编 . — 天津 : 南开大学出版社 , 2019.8

高等职业院校基于工作过程项目式系列教材　企业级卓越人才培养解决方案“十三五”规划教材

ISBN 978-7-310-05866-2

Ⅰ. ①职… Ⅱ. ①天… Ⅲ. ①职业教育－能力培养－高等职业教育－教材 Ⅳ. ①G718.5

中国版本图书馆 CIP 数据核字 (2019) 第 171796 号

天津滨海迅腾科技集团有限公司主编

南开大学出版社出版发行

出版人：刘运峰

地址：天津市南开区卫津路 94 号　　邮政编码：300071

营销部电话：(022)23508339　23500755

营销部传真：(022)23508542　　邮购部电话：(022)23502200

*

天津午阳印刷股份有限公司印刷

全国各地新华书店经销

*

2019 年 8 月第 1 版　　2019 年 8 月第 1 次印刷

185×260 毫米　16 开本　10.5 印张　262 千字

定价：48.00 元

如遇图书印装质量问题，请与本社营销部联系调换，电话：(022)23507125

高等职业院校基于工作过程项目式系列教材
企业级卓越人才培养解决方案“十三五”规划教材
编写委员会

指导专家	周凤华	教育部职业技术教育中心研究所
	李　伟	中国科学院计算技术研究所
	耿　洁	天津市教育科学研究院
	张齐勋	北京大学
	潘海生	天津大学
	董永峰	河北工业大学
	孙　锋	天津中德应用技术大学
	许世杰	中国职业技术教育网
	郭红旗	天津软件行业协会
	周　鹏	天津市工业和信息化委员会教育中心
	邵荣强	天津滨海迅腾科技集团有限公司
主任委员	王新强	天津中德应用技术大学
副主任委员	张景强	天津职业大学
	宋国庆	天津电子信息职业技术学院
	闫　坤	天津机电职业技术学院
	史玉琢	天津商务职业学院
	王　英	天津滨海职业学院
	刘　盛	天津城市职业学院
	邵　瑛	上海电子信息职业学院
	张　晖	山东药品食品职业学院
	杜树宇	山东铝业职业学院
	梁菊红	山东轻工职业学院
	祝瑞玲	山东传媒职业学院
	赵红军	山东工业职业学院
	杨　峰	山东胜利职业学院
	成永江	东营科技职业学院
	陈章侠	德州职业技术学院

基于产教融合校企共建产业学院创新体系简介

基于产教融合校企共建产业学院创新体系是天津滨海迅腾科技集团有限公司联合国内几十所高校，结合数十家行业协会及1000余家行业领军企业人才需求标准，通过10年在高校中实施而形成的一项科技成果，该成果于2019年1月在天津市高新技术成果转化中心组织的科学技术成果鉴定被鉴定为“国内领先”水平。该成果是贯彻落实《国务院关于印发国家职业教育改革实施方案的通知国发〔2019〕4号》文件的深度实践，开发了具有自主知识产权的“标准化产品体系”（含329项具有知识产权的实施产品）。从产业/项目/专业/课程形成了系统化的操作实施标准。构建了具有企业特色的产教融合校企合作运营标准“十个共”，实施标准“九个基于”，创新标准“七个融合”等全系列、可操作、可复制的产教融合系列标准，形成了在高等职业院校深度校企合作系统性成果。该成果通过企业级卓越人才培养解决方案（以下简称“解决方案”）具体实施。

该解决方案是面向我国职业教育量身定制的应用型、技术技能人才培养解决方案。该方案以教育部—滨海迅腾科技集团产学合作协同育人项目为依托，依靠集团研发实力，联合国内职业教育领域相关政策研究机构、行业、企业、职业院校共同研究与实践的方案。坚持“创新校企融合协同育人，推进校企合作模式改革”的宗旨，消化吸收德国“双元制”应用型人才培养模式，深入践行基于工作过程“项目化”及“系统化”的教学方法，设立工程实践创新培养的企业化培养解决方案。在服务国家战略——京津冀教育协同发展、中国制造2025等领域培养不同层次的技术技能人才，为推进我国实现教育现代化发挥积极作用。

该解决方案由“初、中、高”三个培养阶段构成，包含技术技能培养体系（人才培养方案、专业教程、课程标准、标准课程包、企业项目包、考评体系、认证体系、社会服务及师资培训）、教学管理体系、就业管理体系、创新创业体系等，采用校企融合、产学融合、师资融合“三融合”的模式在高校内共建大数据（AI）学院、互联网学院、软件学院、电子商务学院、设计学院、智慧物流学院、智能制造学院等，并以“卓越工程师培养计划”项目的形式推行，将企业人才需求标准、工作流程、研发规范、考评体系、企业管理体系引进课堂，充分发挥校企双方优势，推动校企、校际合作，促进区域优质资源共建共享，实现卓越人才培养目标，达到企业人才招录的标准。本解决方案已在全国几十所高校开始实施，目前已形成企业、高校、学生三方共赢的格局。

天津滨海迅腾科技集团有限公司创建于2004年，是以IT产业为主导的高科技企业集团。集团业务范围已覆盖信息化集成、软件研发、职业教育、电子商务、互联网服务、生物科技、健康产业、日化产业等。集团以科技产业为背景，与高校共同开展“三融合”的校企合作混合所有制项目。多年来，集团打造了以博士、硕士、企业一线工程师为主导的科研及教学团队，培养了大批互联网行业应用型技术人才。集团先后荣获：全国模范和谐企业、国家级高新技术企业、天津市“五一”劳动奖状先进集体、天津市政府授予“AAA”级劳动关系和谐企业、天津市“文明单位”“工人先锋号”“青年文明号”“功勋企业”“科技小巨人企业”“高科技型领军企业”等近百项荣誉。集团将以“中国梦，腾之梦”为指导思想，深化产教融合，坚持围绕产业需求，坚持利用科技创新推动，坚持激发职业教育发展活力，形成“产业+科技+教育”生态，为我国职业教育深化产教融、校企合作的创新发展作出更大贡献。

基于产教融合校企共建产业学院创新体系简介

前言

专业技术能力以外的职业能力是“能力冰山”的水下部分，虽难以一眼觉察，却是决定从业者能否具有职业发展潜力的关键要素，更是企业选人用人的内在要求，在职业教育，尤其是高等职业教育中，职业能力的训练和培养极其重要。

本书以信息类专业的高职学生将来可能从事岗位的需求出发，结合一定的专业背景，设计多个训练项目，通过不断的训练，使读者能够系统性的锻炼自身的职业能力，养成兼具共性与个性的职业素养。本书通过五个项目的实践进行能力训练：项目一通过“某产品新零售策略分析”训练从事电子商务及相关产业所需的职业能力；项目二通过“某手机应用软件外包的需求分析调查”训练从事软件业及相关产业所需的职业能力；项目三通过“智慧物流分拨中心的建设与运营”训练从事智慧物流业及相关产业所需的职业能力；项目四通过“汽车服务行业中小型商家网上业务推广”训练从事互联网及相关产业所需的职业能力，并强化学生的职场竞争意识；项目五通过“信息产业小众产品初创”检验学生在前四个项目中的能力训练成果。

本书每一个项目分为学习目标、学习方案、任务描述、任务实施、总结汇报、举一反三六个模块。通过学习目标确定本项目所要关注的职业能力点，通过学习方案了解项目的学习过程，再参照任务描述进行任务实施，任务实施期间运用“实践、评估、修正、再实践”的能力提升闭环往复、螺旋式的训练自身职业能力，使得读者形成适合于自己的职业能力运用模式。经过总结汇报后，读者还可以实践“举一反三”中的通识类训练项目，以检验自身能力在其他方面的运用效果。

本书由陈良任主编，由聂浩虹、余旭力、王玲、周向宇、纪书宇、陈波共同任副主编，陈良负责统稿，聂浩虹负责全面内容的规划，聂浩虹、余旭力、王玲、周向宇、纪书宇、陈波负责整体内容编排。具体分工如下：项目一由周向宇编写，聂浩虹负责全面规划；项目二由聂浩虹编写，陈良负责全面规划；项目三由王玲编写，聂浩虹、陈波负责全面规划；项目四由纪书宇编写，聂浩虹负责全面规划；项目五由余旭力编写，聂浩虹、陈波负责全面规划；附录由聂浩虹、余旭力、王玲、周向宇、纪书宇、陈波共同编写，陈良负责全面规划。

本书注重职业能力及素养的系统性训练，尤其是在任务实施模块中，按照项目开展的逻辑顺序设计记录表单，使得读者能清晰的记录项目过程，并在项目过程中潜移默化的提升职业能力。

天津滨海迅腾科技集团有限公司

2019年8月

目　录

项目一　某产品新零售策略分析

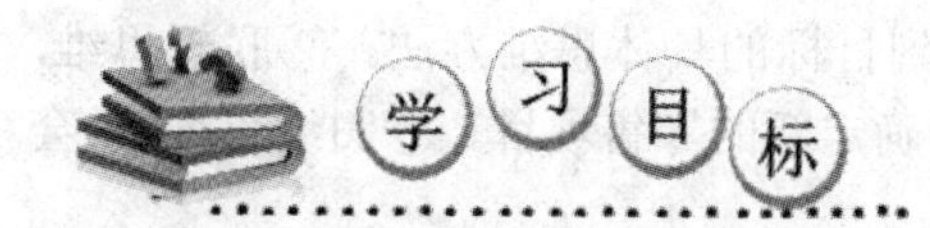

随着移动通信技术、物联网技术的迅速发展，传统行业迎来了转型升级的良好机遇，计算机相关专业也迎来重要的发展机遇。因此，计算机专业学生不仅要关注本专业的发展前景，更要关注传统行业的发展趋势，能够运用计算机专业知识对传统行业进行升级改造也将成为计算机专业学生职业发展的一条重要途径。

本项目训练的主题是——某产品新零售策略。想要对传统行业改造升级，就不仅仅需要计算机相关知识，而且需要具备职业核心能力。自我学习、与人交流、与人合作、信息处理、解决问题这些职业核心能力都会在其中扮演着重要的作用。因此，我们要通过“某产品新零售策略”来锻炼和提升职业核心能力。

通过本项目的实践，应该达到如图 1-1 所示的学习目标。

图 1-1　需要达到的学习目标

- 自我学习：①掌握学习新知识的基本方法。②学会知识检索和查询的几种途径，不单单是只会“百度”一种。③能够制定有效的学习计划，合理安排学习时间。④学会自我评估，能够自我衡量学习效果。

- 与人交流：①学会与人交流过程中的礼貌、礼仪。②掌握与特定人群进行交流中的基本沟通技巧。③学会表达自我观点的方式、方法。④学会分析和鉴别交谈对象的说话意图，把握交流的主旨。

- 与人合作：①学会如何组建团队，并使得团队能形成合力。②学会团队成员如何分工协作，相互配合。③学会如何化解团队内部分歧，共同完成团队项目。④学会如何调动不积极参与团队项目成员的积极性。

● 数字应用:①能够学会以各种方法获取所需数据。②能从数据中读懂背后的含义。③能够绘制图表。④能使用办公软件中的公式计算。⑤能够对结果进行归纳总结。

● 信息处理:①能够处理冗长的信息。②能进行信息分类、归纳。③能通过非语言文字渠道获取信息。④具备多类信息的综合能力。

● 问题解决:①能够按照计划,完成项目,并达成项目目标。②具备一定的逻辑思维能力,找到项目的关键性问题,着重解决关键性问题。③能够妥善处理项目过程中出现的突发情况和矛盾,推动项目顺利完成。

● 思维模式:①目标思维,确定目标,掌握怎样达到目标的具体思维方法。②联想思维,可以从现有的零售案例特征等进行接近联想、对比联想确定新的零售项目。③归纳思维,学会从各种材料、信息中归纳、整理有用信息的思维模式。

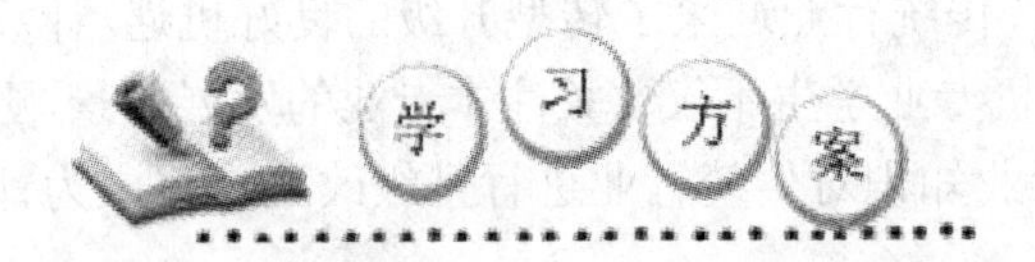

1. 职业关键能力训练的基本流程(参见图 1-2)

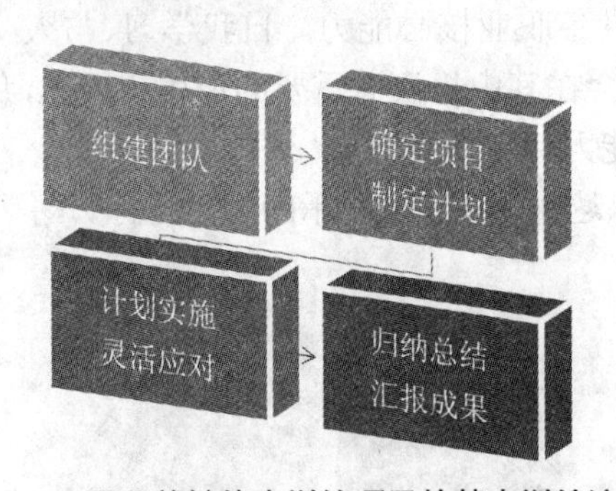

图 1-2　职业关键能力训练项目的基本训练流程

2. 本项目的训练参考流程

“某产品新零售策略”项目实施流程可以参照图 1-3 的步骤进行。

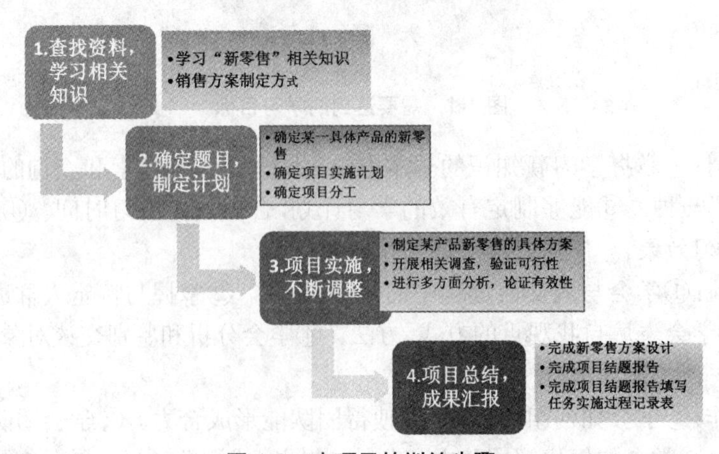

图 1-3　本项目的训练步骤

第一步：查找相关资料，学习相关知识。学习“新零售”相关知识，学习产品设计方案基本方法的相关知识。

第二步：确定题目，制定计划。确定某一具体产品、项目产品的新零售；制定项目实施计划；明确小组成员项目分工。

第三步：项目实施，不断调整。制定某产品新零售的具体方案；开展相关调查，验证项目的可行性；进行多方面验证，论证项目的有效性。

第四步：项目总结，成果汇报。以新零售方案为蓝本，将项目进展和初期成果制作宣讲PPT，在班级上宣讲，根据宣讲情况再次进行方案设计和修改，最终形成某产品新零售方案设计，完成项目结题报告。

1. 情景导入

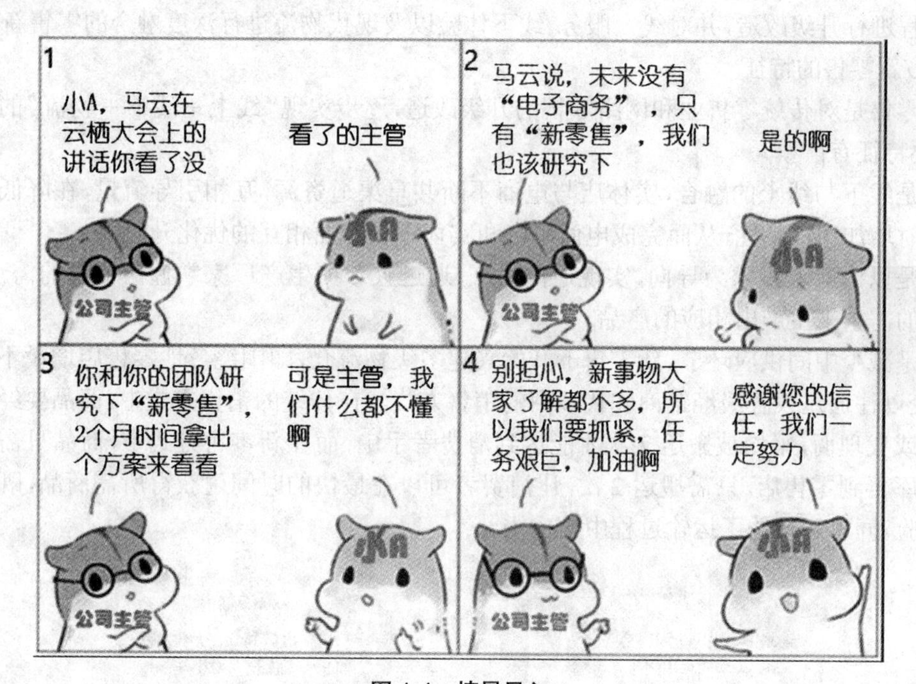

图 1-4　情景导入

2. 成果要求

表 1-1　学生需提交材料列表

所需材料名称	数量	备注
职业关键能力项目结题报告	1 份	模板见附录 1
某产品新零售方案	1 份	模板见附录 2
结题汇报 PPT	1 份	
汇报录像	1 份	

续表

所需材料名称	数量	备注
佐证材料(图片、调查表等)	不限	
完成本项目任务实施部分	所有要求填写的内容	

3. 知识准备

知识点1:新零售相关知识

(1)新零售内涵

近年来,京东之家、苏宁小店如火如荼在全国各地开设,各大网络销售网布局线下实体销售,全社会掀起了"新零售"的热潮,正如马云所说"未来的十年、二十年,没有电子商务这一说,只有新零售"。那什么是新零售呢?阿里研究院给出的定义是:新零售是以消费者体验为中心的数据驱动的泛零售形态。蒋亚萍、任晓韵从理论研究的角度认为新零售就是以互联网技术为手段,线上线下结合,架构"店商+电商"的经营格局,实现零售创新升级模式。所以,新零售大致可以概括为,即企业以互联网为基础,通过运用大数据、人工智能等先进技术手段,对商品销售过程进行升级改造,并对线上服务、线下体验以及现代物流进行深度融合的零售新模式。

(2)新零售的特征

新零售是对传统零售业和网络零售的升级改造,逐步实现"线上+线下+物流"的深度融合,主要特征有:

一是线下与线上的融合,实体店与电商不断共享渠道资源,互相引导流量,在降低获客成本的同时增加用户粘性,从而完成电商平台和实体零售店面相互的优化升级。

二是以消费者需求为导向,实现逆向生产,通过大数据生产厂家掌握消费者的需求,根据消费者的需求来生产出相应的产品。

三是减少中间供应环节,新零售下开始兴建多级物流仓,即围绕各地零售店增设不同的仓库,改变以往通过找各级经销商和代理商的销售方式。在传统的销售方式中,商品要经过多层销售商或代理商,平均被搬运7次才能达到消费者手中;而在新零售方式中,商品只需要从工厂到仓库再到零售店,只需搬运2次,让消费者可以在最快的时间内获得所需商品,既提升了用户体验,同时还节约了运输过程中的成本。

图1-5 新零售特征

（3）新零售典型案例

阿里巴巴企业依托天猫、淘宝、支付宝积累的网上资源通过投资或收购线下企业，以自营或联营的方式开展线下业务，实现线下与线上的融合，被称为“阿里新零售”，阿里新零售已经成为我国新零售业发展的典型代表和主力军，开创和引领着我国新零售业的发展。盒马鲜生为代表的新零售范本，基本具备了阿里新零售的所有特征，也是阿里新零售的标杆业态。我们以盒马鲜生来介绍阿里新零售的基本情况。

盒马鲜生是阿里巴巴对传统超市的升级改造，将传统超市进行线上线下融合，消费者可以到店购买，也可以在盒马 APP 上下单，也可以到店选好物品之后在 APP 上下单，由超市将物品快递到家，并承诺门店附近 3 公里范围内，30 分钟送货上门。盒马鲜生不单单是传统的超市，也是新式的餐饮店，门店内设餐饮厅，盒马鲜生的牛排、海鲜，及熟食餐厅区占地 200 平米左右。顾客在店内选购了海鲜等食材之后还可以即买即烹，直接加工，现场制作，现场食用。在满足人们的生活需求的同时，又满足消费者对商品质量以及购物环境的要求。

知识点 2：产品改造方案基础知识

第一步：产品现状分析，分析产品当前现状、存在的问题以及存在问题的原因，这是产品改造方案的基础；

第二步：产品改造的预期效果分析，要分析和把握产品改造的目标和预计达到的基本效果，明确方案的具体目标；

第三步：产品改造方案可行性分析，通过走访调查、数据分析来多方面验证方案是可以实施、方案具备可实施性、有价值、有预期收益；

第四步：产品改造方案投资成本分析：分析方案实施过程中所需要的各种成本、分析成本和收益比例；

第五步：产品改造方案实施过程：明确方案实施步骤、实施过程以及实施过程中的各项安排。

产品改造方案设计的基本步骤：

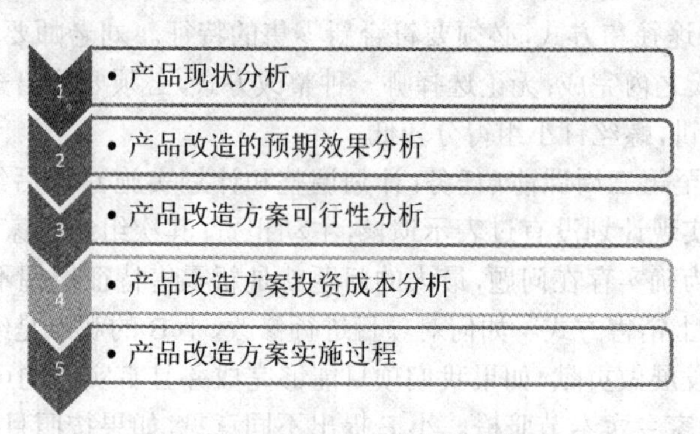

图 1-6　产品改造方案的基本步骤

4. 参考案例

为便于教师和学生理解本项目的实践流程，请认真阅读本案例。

项目：某产品新零售策略

项目参与小组：计算机 1702 班螺丝钉小组

项目指导老师：刘老师

项目开展时间:第 13~17 周

项目开展过程简述(按行课周):

(1)第一周课上(任务:团队组建):项目任务下达,任课教师刘老师宣布本次项目开展“某产品新零售策略分析”,重点了解当前社会热点“新零售”并以此开展研究制定一份产品新零售设计方案;第一次项目组建团队,刘老师通过班上同学随机抽签的方式,任意组成各小组,最终由小 A、小 B、小 C、小 D、小 E 五名同学组成一组。随后小组进行第一次小组会议,确定小组队名、口号、组长,经过商讨,小 D 同学成为小组组长。之后小组商定课后尽快学习项目涉及到的相关知识,两天后进行讨论确定小组项目题目和计划安排。

(2)第一周课后至第二周课前(任务:确定项目题目与制定初步计划):两天后,小组开会分享学习体会,组长 D 同学带领大家分享这两天学习收获,以及项目议题的想法,经过轮流分享和讨论,大家同意把小 B 提出的“奉节脐橙新零售”作为小组开展的具体项目;并进行小组分工,小 A 和小 B 负责项目计划的制定,小 E 负责资料汇总以及下周汇报 PPT 撰写,小 C 负责继续学习产品方案设计,组长小 D 负责统筹安排,团队管理。

第四周上课前一天,螺丝钉小组通过网上交流讨论完成项目初始计划,并准备好 PPT 和相关资料,由小 B 作为明天本组的发言人,宣讲本组的初始计划。

(3)第二周课上(任务:项目计划课堂宣讲):由小 B 同学代表小组进行宣讲,虽然也是第一次上台,有了第一次项目的经验,小 B 在自我阐释部分演讲流畅,表达得体,但是在其他小组提问环节,小 B 无法回答一些问题。小组其他同学对一些问题也做了解释和回答,整体效果不太好,也说明项目计划安排存在问题。最后刘老师对螺丝钉小组汇报进行点评:第一,小组准备不是很充分,知识学习不到位;第二,新零售概念没有完全吃透,项目方案初步构想仅仅是奉节脐橙的几种网络销售方式,不符合新零售的实践要求;第三,项目实施计划安排太过笼统,没有具体实施计划。由于存在这些问题,刘老师建议该小组暂停实施计划,再重新对项目进行思考,提出两条建议:第一,继续实施“奉节脐橙新零售项目”,必须要运用新零售的特点,真正实现奉节脐橙售卖的新零售方式;第二,可以更换项目,做其他产品的新零售方案,但必须要明确产品进行新零售的途径和方式,必须要符合新零售的特征。刘老师要求无论选择哪一种整改方式,必须要在三天之内完成;无论选择哪一种整改方式,必须要给出充足的理由,小组要达成一致。本次课堂宣讲,螺丝钉小组得分较低。

(4)第二周课后至第三周课前(任务:计划调整和计划实施):课后组长小 D 随即组织大家开会,首先对小组实现计划没有过表示遗憾,主动担责;其次组织大家认真思考刘老师和其他小组提的意见,认为确实存在问题,最大的问题就是新零售特征把握不够明确,项目计划只是奉节脐橙的一种线上销售方式。如何对项目进行修改,小 B 的观点是继续实施该项目,他来自奉节,想为家乡的发展做贡献,如果我们项目能够完成并且有实施的可能性,他愿意实施改方案,进行创业,帮助家乡卖奉节脐橙。小 E 提出不同意见,如果按照目前新零售的特征来说的话,我们要实现的是销售的线上线下一体化销售,物流的扁平化,那么售卖脐橙我们就要实现线上线下相融合,比如线下体验,线上下单的方式,脐橙作为一种常见的水果没有必要这样做,人们可以单一化的选择实体店购买,或者网上购买。组长小 D 组长大家广泛讨论,经过讨论小组决定放弃奉节脐橙新零售这个项目,小 B 也同意放弃。

项目放弃后就需要寻找新项目,但是时间紧,三天后必须要,组长小 D 要求再花一天时间各自学习新零售知识,思考可以进行新零售的产品或者行业,明天中午继续开会讨论,一天后，小组继续开会，小 A 提出"流动的试衣间"想法，他介绍说我们可以做某品牌衣服的新零售。目前网上购买衣服存在不能试衣服的弊端，在消费者越来越重视消费体验的当下，越来越不能满足消费者的需要。我们建立某品牌衣服线上网络销售方式，主要是天猫旗舰店、京东商城，线下我们建立"流动试衣间"，布置在各大商业中心、公交车站、轻轨站附近，消费者不经意间、闲暇时可以到"流动试衣间"试衣服，合适的可以直接扫衣服二维码在网上购买。小组成员听后，都觉得符合新零售的特征，而且想法新颖且可以实施，大家一致同意实施该项目，并且分工完成该项目的机会制订，要求吸收意见，计划实施要细化，要可实施。一天后，经过小组共同努力新的项目实施计划完成，并发给老师审阅，老师审阅后，认为新项目可以实施，可以按照计划实施，提醒小组抓紧时间，比其他小组晚了三天，要想办法赶上进度。

随后，小组按照分工开始对计划进行实施，小 F 负责"流动试衣间"方案设计，小 A 负责技术问题及成本问题分析，小 B 和小 C 做市场调查，了解市场需求论证"流动试衣间"可行性，小 D 负责资料整理与汇总，项目进度的统筹管理。

(5)第三周课上(任务：项目实施情况汇报)：本次宣讲由小 F 负责，小 F 从小组为什么更换项目，为什么选择这个心项目，该项目又是如何实现新零售的以及本周实施情况做详细介绍。小 F 性格较为内向，平时说话较少，本次宣讲能够看出很紧张，但因为对项目很熟悉，虽然很紧张但仍然流畅的完成宣讲，在提问环节也能对答入流。组长小 D 对其他小组所提的问题以及建议一一作了记录。最后老师进行点评，刘老师认为：第一，小组在之前没有吃透新零售特征的情况下及时调整项目，认真反思总结，重新更改的项目符合新零售的要求；第二，小组对于为什么放弃"奉节脐橙新零售"项目给出的理由不充分，认识不透彻，有知难而退的意味。这里刘老师在这里向全班强调，所有同学在实践中包括在以后的工作，放弃一套方案、放弃一套项目必须要经过反复的论证，证明其确实不能完成时才能放弃，不能知难而退，有问题就直接放弃，要锻炼自身认真、坚持、执着的品质。第三，项目设计的方案一定要有市场调研和市场论证环节，不能单纯停留在小组 5 个人的想法之中，一定要进行多方论证，一定要有市场调查、才是完善的方案。

(6)第三周课后至第四周课前(任务：计划的再次调整与实施)：按照课堂上老师和同学提出的意见和建议，小组在继续实施计划的同时，把重点放在项目的市场调查和现实需求论证上，按计划本周内完成项目初稿。

项目实施过程中，组长发现一个问题，这周小 B 同学很不积极，不按时完成任务，多次催促以后才会交，所交内容也存在应付，没有认真仔细完成。而且由于小 B 消极的表现影响到小组积极活跃的氛围，小 C 也出现消极怠工的情况。为了保证按时完成任务，组长决定把这一情况向刘老师反映。刘老师的反馈是团队合作是职业核心能力最关键的一项能力，每个人都需要掌握，团队建设就是项目本身的问题，需要小组自行解决，无法解决时老师再出面。刘老师建议小 D 做好团队成员的沟通交流，了解小组成员的真实想法，并且向他介绍了几种团建项目，通过做团建项目增加团队凝聚力和向心力。组长小 D 听从老师的建议，分别与小 B、小 C 进行沟通交流，促膝长谈，了解到小 B 主要是对于项目前期的失败存在自责，认为是自己的原因导致，也对无法进行家乡脐橙的售卖想出好方法感到很难过，因此才态度消极，不积极参加团队活动；了解到小 C 是因为懒惰，又看到小 B 不做，才会不积极完成任务。在了解到同学的真实状况后，组长 D 认为有必要重新开一次小组会议，专门讨论团队建设问题，会后进行了一些团队建设项目。通过交流与团队合作，大家的积极性重新找回，团队凝聚力不断增强。由于本周进行团队建设，项目初稿没有如期完成，组长主动承担起宣讲任务。

(7)第四周课上(任务：阶段性成果汇报)：组长小D对本周小组所完成内容做汇报，并对未完成的项目报告思路、剩下的内容做简单介绍。刘老师提出建议：第一，上周的团队建设是有必要的，完成效果也是很好的额，要总结相关经验在结题报告中体现，让大家学习；第二，项目报告思路清晰，抓紧完成项目报告。

(8)第四周课后至第五周课前(任务：完成项目初稿，准备结题答辩)：由于上周内容没有按时完成，下周就要进行结题答辩，小组开会讨论决定，分两组进行项目推进，小D、小F、和小B，继续负责项目的实施，完成市场需求调查、方案实施成本分析等计划。小C和小E开始整理项目材料，撰写结题报告；项目实施要在四天内完成，随后一起完成项目结题报告。

(9)第五周课上(任务：结题答辩)：结题由组长小D负责宣讲，小组全体同学进行配合，

小D主要从项目本身的实施情况、小组开展项目的反思和总结以及小组自身核心能力训练情况进行结题汇报。小组顺利结题，小组最终将某产品新零售改造方案1份；职业核心能力项目结题报告1份整理完备后交老师存档。

<table>
<tr><td colspan="3">第一周课前有话：
1. 什么是新零售，有哪些特征？
2. 撰写销售方案需要哪些准备知识？
3. 如何进行有效的团队分工？
4. 如何制定切实可行的项目计划？
本周需要关注的能力点：自我学习能力、与人合作能力、与人交流能力。</td></tr>
<tr><td>实施步骤</td><td>主要内容</td><td>教师评价</td></tr>
<tr><td>筹备会议</td><td>解决以下问题：
1. 什么是销售方案？
2. 怎么撰写会议纪要？
3. 我们如何去分工学习准备知识？</td><td></td></tr>
<tr><td>项目选题</td><td>1. 哪些传统项目可以进行新零售？
2. 本组的确定项目名称是？
3. 为什么要选择这个项目？</td><td></td></tr>
<tr><td>预期意义</td><td>1. 这个项目具有哪些意义？
2. 你预计项目能锻炼自己什么样的关键能力？</td><td></td></tr>
</table>

实施步骤	主要内容	教师评价
集中研讨会	1. 是不是应该制定项目计划？ 2. 是不是应该讨论项目分工？ **小知识** （1）关于团队组建的基本原则 ● 优势互补，团队组建过程中，团队成员组合应该遵循优势互补、能力互补，要选择性格、爱好尽量不一致的同学组建在一起，这就是为什么团队组合时，不能通过寝室同学、关系好等情况来定。 ● 目标一致，要确定团队目标，并且这个目标是得到团队成员一致认可的，团队成员都认可目标并认为目标是可以实现的，共同为了实现目标而努力。 ● 共享收益，团队的组建是要达到一定的目标，并在达到目标以后团队成员是可以共享团队成果的，团队成员都可以在团队成果达成之后得到自身应有的收益，包括自身能力的不断提高。 （2）关于团队配合的基本原则 ● 平等友善，团队成员之间的关系必须是平等友善，包括你承担组长的角色或者其他角色，平等相待才能调动之间的积极性。 ● 善于交流，团队成员之间要不断交流，了解各自的想法和意见，共同推动小组项目的实施。 ● 化解矛盾，团队成员之间出现矛盾是在所难免的，进行团队建设就是要及时化解成员之间的矛盾，使心往一处使，力往一处用才行。 ● 接受批评，成员存在问题时一定要谦虚谨慎，虚心接受其他成员的批评和指正。 3. 在这个实践项目中，我的职责（分工）是什么？ 4. 队友们的职责（分工）又是什么？ 5. 这次项目中，我准备如何帮助队友们完成他们的任务？	

续表

<table>
<tr><th>实施步骤</th><th>主要内容</th><th>教师评价</th></tr>
<tr><td>集中研讨会</td><td>小知识
会议纪要的基本写法
● 集中概述法，用概括叙述的方法，整体概括说明会议的基本情况，会议研究的主要内容、参会人员的主要认识、观点等。
● 分项叙述法，采用分项叙述的方法记录会议内容，一般用于记录大型会议或者议题较多的会议中，分项目、分版块详细记录会议内容。这种方法内容记录比较全面、详细。
● 发言提要法，采用将会上讲话人的发言内容进行记录，主要采用于收集意见、讨论问题的会议中，这种写法能比较如实地反映与会人员的意见。

请在此处附上会议纪要：</td><td></td></tr>
<tr><td>编制计划表、进度表</td><td>1. 进度表、计划表应该如何绘制？各自的作用是什么？

2. 除了进度表、计划表，还有什么图表可起到类似的作用？</td><td></td></tr>
</table>

续表

实施步骤	主要内容	教师评价

编制计划表、进度表

小知识

计划表：用于反映工作计划内容的表格。

进度表：用于反映工作开展进度的表格，通常可使用甘特图进行绘制。

周工作计划表

提交部门		提交人		提交日期	
星期	工作内容	达成结果	完成情况	未完成原因	解决措施
一	1、记熟所有类型真空泵基本参数: 2、整理热油泵3个型号并记忆: 3、公车上阅读(10)：				
二	1、复习周一内容: 2、整理热水泵4个型号，并记住: 3、公车上阅读(10)：				
三	1、复习周一、二内容: 2、整理热水泵4个型号，并记住: 3、公车上阅读(10)：				
四	1、复习周二、三内容: 2、整理侧槽泵3个型号，并记住: 3、公车上阅读(10)：				
五	1、复习周三、四内容: 2、整理侧槽泵3个型号，并记住: 3、公车上阅读(10):				
六	1、复习周一、、三内容: 2、整理侧槽泵3个型号，并记住: 3、家里阅读(20)：				
日	1、总体复习: 2、整理侧槽泵3个型号，并记住: 3、公布上阅读10):				

图 1-7　计划表参考模板

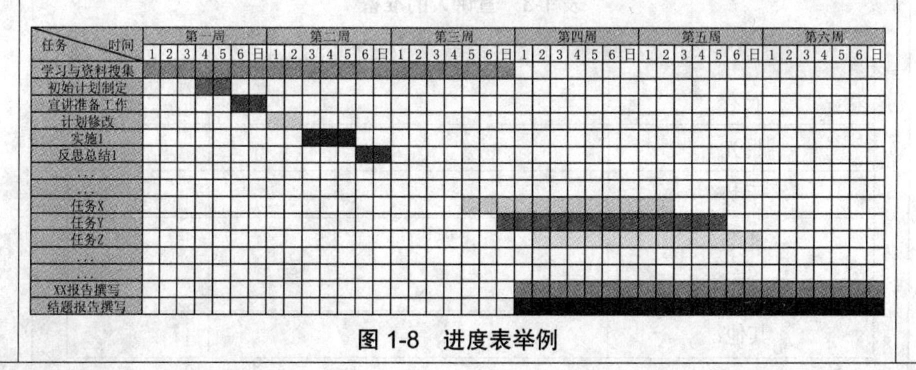

图 1-8　进度表举例

第二周课前有话：

1. 演讲需要注意哪些礼仪和技巧

2. 如何做好开题报告，计划宣讲

本周需要关注的能力点：问题解决能力、与人交流能力。

续表

<table>
<tr><th>实施步骤</th><th>主要内容</th><th>教师评价</th></tr>
<tr><td>准备宣讲</td><td>1. 第一次宣讲需要准备些什么资料？请列出准备清单。

表 1-2　准备资料清单
<table><tr><th>准备材料名称</th><th>件数</th><th>负责人</th></tr><tr><td></td><td></td><td></td></tr><tr><td></td><td></td><td></td></tr><tr><td></td><td></td><td></td></tr><tr><td></td><td></td><td></td></tr><tr><td></td><td></td><td></td></tr><tr><td></td><td></td><td></td></tr><tr><td></td><td></td><td></td></tr><tr><td></td><td></td><td></td></tr></table>
2. 小组该如何展示本组的项目计划？

3. 本组是如何选定宣讲人的？每位组员对宣讲人的推荐有何意见和建议？</td><td></td></tr>
<tr><td>总结</td><td>项目进行到目前这个阶段，有哪些工作和经验需要总结？</td><td></td></tr>
<tr><td>宣讲</td><td>1. 宣讲到底要注意哪些问题？

表 1-3　宣讲人的准备
<table><tr><th>需准备项目</th><th>宣讲人如何准备</th><th>备注</th></tr><tr><td>衣着</td><td></td><td></td></tr><tr><td>目光</td><td></td><td></td></tr><tr><td>手势</td><td></td><td></td></tr><tr><td>礼节</td><td></td><td></td></tr><tr><td>讲稿（提词卡）</td><td></td><td></td></tr><tr><td>其他：</td><td></td><td></td></tr></table>
2. 请将宣讲人的讲述逻辑用流程图表示如下：</td><td></td></tr>
</table>

续表

<table>
<tr><th>实施步骤</th><th>主要内容</th><th>教师评价</th></tr>
<tr><td>宣讲过程记录</td><td>
1. 同学们提出了哪些问题？
表 1-4　同学们的意见和建议记录表
<table>
<tr><th>同学们的意见和建议</th><th>本组的对应策略</th></tr>
<tr><td></td><td></td></tr>
<tr><td></td><td></td></tr>
<tr><td></td><td></td></tr>
<tr><td></td><td></td></tr>
<tr><td></td><td></td></tr>
</table>
表 1-5　老师的意见和建议记录表
<table>
<tr><th>老师的意见和建议</th><th>本组的对应策略</th></tr>
<tr><td></td><td></td></tr>
<tr><td></td><td></td></tr>
<tr><td></td><td></td></tr>
<tr><td></td><td></td></tr>
<tr><td></td><td></td></tr>
</table>
2. 宣讲人的本场表现记录：
表 1-6　宣讲人的表现记录表
<table>
<tr><th>表现好的方面</th><th>表现不好的方面</th></tr>
<tr><td></td><td></td></tr>
<tr><td></td><td></td></tr>
<tr><td></td><td></td></tr>
<tr><td></td><td></td></tr>
<tr><td></td><td></td></tr>
<tr><td></td><td></td></tr>
<tr><td></td><td></td></tr>
<tr><td></td><td></td></tr>
</table>
</td><td></td></tr>
</table>

续表

实施步骤	主要内容	教师评价
宣讲过程记录	**小知识** 演讲中克服紧张的小技巧 在演讲中部分同学都会出现紧张等情况，紧张是正常的情绪反映，我们要学会控制和缓解这种情绪，以更好的状态进行演讲。克服紧张的小技巧有： ● 深呼吸，深呼吸是最简单、最常见的方式，紧张时，深呼吸～感受腹部的起伏，让自己的心静下来，让自己的情绪平稳下来。这个方法既便于操作，也很管用。 ● 适当肢体动作，紧张时，适当增加一些肢体动作，可以转移注意力，缓解过于紧张的情绪状态。 ● 准备演讲提纲，演讲中出现紧张大多数情况都是源自不自信，害怕自己在演讲中出问题，在演讲前把演讲提纲做成小纸条，以备忘记时可以查看，这样可以使自己心里有保障，不至于过度紧张。 ● 讲个小笑话作为开场，演讲中一般情况下是开场的时候最紧张，这个时候我们讲一个笑话，能够愉悦现场的气氛，还能释放自己的紧张情绪。	
难点自析	1. 通过宣讲和答辩，我们发现初始计划中有哪些工作难度较大？ 2. 在项目实施的过程中，我们又可能碰到什么样的困难？ 3. 为应对这些困难本组做了哪些准备？	
请求协助	1. 当我们遇到困难无法解决时，可向谁求助？ 2. 有哪些方法能够帮助我成功得到他人的帮助？ 3. 向他人求助时，我要注意哪些细节？	
集中研讨会	1. 是不是该讨论第一次实践的任务安排？ 2. 是不是该讨论第一次实践的人员安排？ 请在此处附上集中研讨会会议纪要：	

续表

<table>
<tr><th>实施
步骤</th><th>主要内容</th><th>教师
评价</th></tr>
<tr><td>实施</td><td>1. 如果有问卷，我们需要设计哪些问题？

2. 实施的过程中可能遇到什么样的问题？

3. 我们可以采取哪些措施去解决这些潜在的问题？

请在此处附上本组的问卷：

小知识
消费者调查可以从 5W1H 六点入手：
他们是谁（Who）
他们需要购买或喜爱什么商品（What）
他们为什么要购买这些商品（Why）
他们什么时间购买（When）
他们在什么场所购买（Where）
他们怎样购买商品（How）</td><td></td></tr>
</table>

续表

<table>
<tr><th>实施步骤</th><th>主要内容</th><th>教师评价</th></tr>
<tr><td>阶段总结会</td><td>请在此处附上阶段总结会会议纪要：

请附上调整后的计划表：</td><td></td></tr>
<tr><td>实施</td><td>实施过程记录：

表 1-7 实施过程记录表
<table><tr><th>工作子项名称</th><th>所遇问题</th><th>解决办法</th></tr><tr><td></td><td></td><td></td></tr><tr><td></td><td></td><td></td></tr><tr><td></td><td></td><td></td></tr><tr><td></td><td></td><td></td></tr><tr><td></td><td></td><td></td></tr><tr><td></td><td></td><td></td></tr><tr><td></td><td></td><td></td></tr><tr><td></td><td></td><td></td></tr><tr><td></td><td></td><td></td></tr></table></td><td></td></tr>
</table>

续表

<table>
<tr><th>实施步骤</th><th>主要内容</th><th>教师评价</th></tr>
<tr><td>总结</td><td>这次实施过程中，小组获得了哪些经验？请总结如下：</td><td></td></tr>
<tr><td colspan="3">第三周课前有话：
1. 如何评估目前的项目实施效果？
2. 如何进行资料收集、归档？
本周需要关注的能力点：解决问题能力、数字应用能力、与人交流的能力。</td></tr>
<tr><td>实施过程材料整理</td><td>请梳理一下我们目前收集的资料：

表 1-8　所收集资料列表
<table><tr><th>资料名称</th><th>数量</th></tr><tr><td></td><td></td></tr><tr><td></td><td></td></tr><tr><td></td><td></td></tr><tr><td></td><td></td></tr><tr><td></td><td></td></tr><tr><td></td><td></td></tr></table></td><td></td></tr>
<tr><td>实施过程问题归因</td><td>1. 在项目实施的过程中有哪些遗憾或问题？

2. 请对上述遗憾或问题进行内归因？

3. 请对上述遗憾或问题进行外归因？</td><td></td></tr>
</table>

续表

实施步骤	主要内容	教师评价
集中研讨会	1. 组内是如何找到所面临问题的解决方法？ 2. 组内对下一次实施方案的细则是否进行了讨论？请举例。 请在此处附上集中研讨会会议纪要：	
项目推进会	**小知识** 产品营销要进行营销环境分析，主要从宏观环境和微观环境进行分析 宏观环境，主要从人口环境、经济环境、物质环境、技术环境、政治法律环境等方面对产品市场营销的影响 微观环境主要从企业内部的环境力量、供应商、营销中介单位、产品的特征等方面对市场营销的影响 自己的反思：	

续表

<table>
<tr><th>实施步骤</th><th>主要内容</th><th>教师评价</th></tr>
<tr><td colspan="2">第四周课前有话：
1. 项目初稿如何撰写？
2. 结题报告如何撰写？
本周需要关注的能力点：信息处理能力、问题解决能力、与人交流能力。</td><td></td></tr>
<tr><td>宣讲</td><td>1. 同学们提出了哪些问题？ 表 1-9　同学们的意见和建议记录表 | 同学们的意见和建议	本组的对应策略
	| 表 1-10　老师的意见和建议记录表 | 老师的意见和建议	本组的对应策略
	| 2. 宣讲人的本场表现记录： 表 1-11　宣讲人的表现记录表 | 表现好的方面	表现不好的方面
	|</td><td></td></tr>
</table>

续表

实施步骤	主要内容	教师评价
实施修改	请记录修改后的项目实施方案：	
数据分析问题归因	请对数据进行分析：	
分析模型	你使用了哪种分析模型？	
分析结果展示	请记录数据分析的结果和实施过程的重要佐证（粘贴图表、照片）：	
集中研讨会	请在此处附上集中研讨会会议纪要：	

第五周课前有话：
1. 结题报告如何撰写？
2. 是否将所有所需的材料都一一准备妥当？
本周需要关注的能力点：信息处理能力、问题解决能力。

续表

<table>
<tr><th>实施步骤</th><th>主要内容</th><th>教师评价</th></tr>
<tr><td>最终反思</td><td>1. 在实施过程中，我们的目标是否因为主观原因被迫降低了？

2. 整个项目过程中我们的动力是否还一如往常？</td><td></td></tr>
<tr><td>结题答辩准备</td><td>表 1-12　结题准备资料清单
<table>
<tr><th>准备材料名称</th><th>件数</th><th>负责人</th></tr>
<tr><td></td><td></td><td></td></tr>
<tr><td></td><td></td><td></td></tr>
<tr><td></td><td></td><td></td></tr>
<tr><td></td><td></td><td></td></tr>
<tr><td></td><td></td><td></td></tr>
</table></td><td></td></tr>
<tr><td>结题答辩</td><td>将答辩记录记在此处：</td><td></td></tr>
</table>

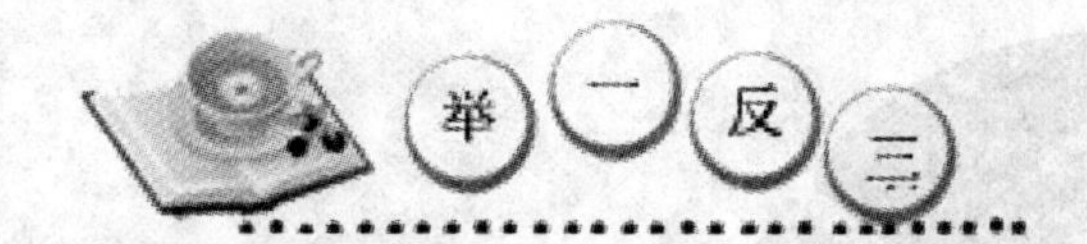

请学有余力的小组完成以下职业关键能力训练项目。

大数据 +XX 项目：

①大数据内涵是是什么，大数据时代特征有哪些？

②大数据时代为社会发展带来哪些机遇和挑战？

③大数据促进各行各业发展，你们想要去研究哪个问题？

例子：“大数据 + 公共服务”已经成为政府机构服务公众便利化的一种方式，实现部门间数据共享，提高了公共服务效率。（……寻访→汇总→设计→实践→……）

按照以上话题材料，实施一个大数据 +XX 项目，采取职业关键能力的训练方法和最终要求，进行此次项目实践。

项目二　某手机应用软件外包的需求分析调查

软件业是信息产业中的一个重要组成部分,也是计算机专业毕业生主要的就业方向之一。就整个就业市场来看,中高等职业院校的计算机专业学生毕业后极有可能从事软件服务外包工作。软件服务外包公司承接各项软件开发业务,而软件需求分析作为软件开发中的一项重要工作更是软件开发中必不可少的环节。

在软件需求分析的过程中,从业人员除了需要具备软件相关的专业知识以外,还需要具备较高的职业关键能力。当客户说不清楚自身的需求时,你必须与其沟通,帮助他将需求明晰化,因为客户时常更改自身的需求,甚至提出一些无法实现的要求时,作为软件需求分析人员需要与其深入沟通,同时保持团队中其他队员的工作积极性,在向开发组汇报需求分析报告时,需要准备各项表格和 PPT,这些都是职业关键能力的基本要素。

通过本项目的实践,能够达到如图 2-1 所示学习目标。

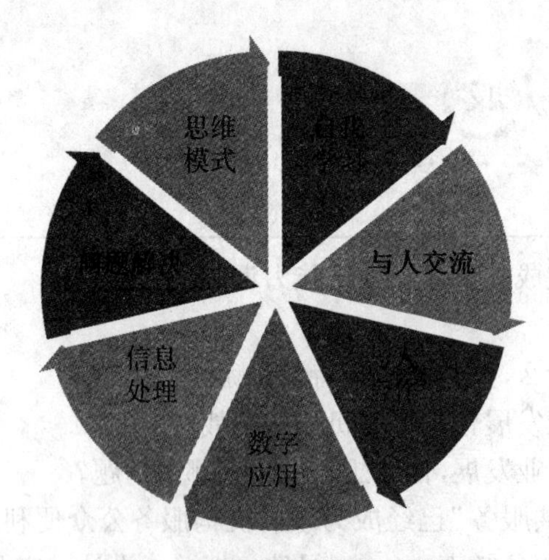

图 2-1　需要达到的学习目标

- 自我学习:①学会如何去查找所需要的信息。②学会如何制订学习目标和学习计划,绘制学习计划表。③学会进行自我评估,并能客观分析自己的进步。④学会统筹安排时间。
- 与人交流:①敢于当众演讲并准确表达自己的观点。②能够准确把握对方所要表达的观点。③能够利用图表、PPT 等阐述自己的观点。④学会撰写会议纪要。⑤能够观察交谈中对方的反应,并准确把握对方需求。

● 与人合作：①学会如何组建团队，并使得团队能形成合力。②学会激励团队中的队友，并化解团队矛盾。③学会与合作伙伴化解分歧，达成共识，给对方留下良好印象。④学会谈判技巧，并能合理的提出异议。

● 数字应用：①能够学会以各种方法获取所需数据。②能从数据中读懂背后的含义。③能够绘制图表。④能使用办公软件中的公式计算。⑤能够对结果进行归纳总结。

● 信息处理：①能够处理冗长的信息。②能进行信息分类、归纳。③能通过非语言文字渠道获取信息。④具备多类信息的综合能力。

● 问题解决：①能从结果上总结工作中的得失。②能不断反思总结自己的工作方法并加以改进。

● 思维模式：①能绘制思维导图、鱼骨图等。②形成一套适合自身特点的思维模式。

此外，你还需要从中学会如何撰写软件需求分析报告等软件行业所需的技术文档，为今后在软件行业立足打下基础。

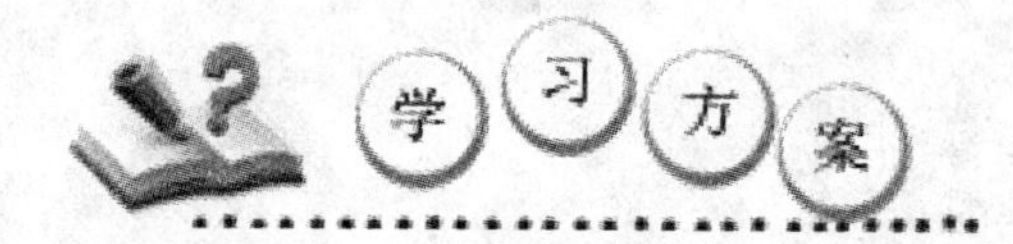

1. 职业关键能力训练的基本流程（图 2-2）

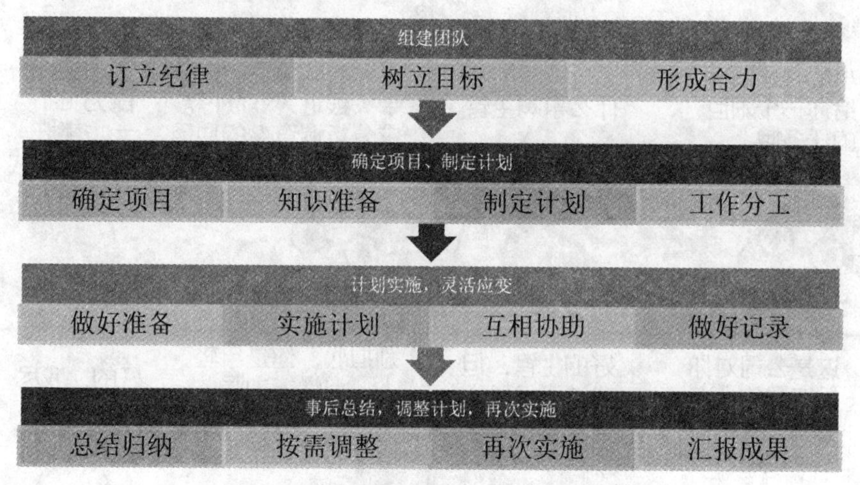

图 2-2　职业关键能力训练的基本流程

2. 本项目的训练参考流程

"某手机应用软件外包的需求分析调查"可以参照图 2-3 所示步骤进行。

图 2-3　本项目的训练步骤

第一步：实践小组首先明确项目的具体题目，如“E 食堂 APP 的需求分析调查”“小哥哥打折 APP 需求分析调查”和“亲子拍拍拍 APP 需求分析调查”，并寻找此类“客户”群体。

第二步：按照具体题目进行知识准备，例如软件的基本知识、需求分析的基本知识、学习如何制定工作计划等。

第三步：按计划实施，与客户进行对接交流，搞清楚客户的具体需求，根据需求完成软件需求分析报告的初稿。

第四步：以需求分析报告为蓝本，将项目进展和初期成果制作 PPT，在班级上宣讲，根据宣讲情况再次进行客户需求调查，形成软件需求分析报告终稿。上交软件需求分析报告、项目结题报告和本书需要填写的项目过程记录部分。

本步骤仅作为参考，在项目实施过程中若遇到突发的情况，教师或学生可根据实际情况进行调整。

1. 情景导入

图 2-4　情景导入

在本项目中，学生将扮演该软件需求分析调查小组的成员，对客户进行需求分析调查并提交需求分析报告，以便公司开发部同事能够准确把握客户需求，圆满完成开发任务。

2. 成果要求

表 2-1　学生需提交材料列表

所需材料名称	数量	备注
软件需求分析报告	1 份	模板由任课教师自定
职业关键能力项目结题报告	1 份	模板详见附录 1
结题汇报 PPT	1 份	
汇报录像	1 份	
佐证材料(图片、调查表等)	不限	
完成本项目任务实施部分	所有要求填写的内容	

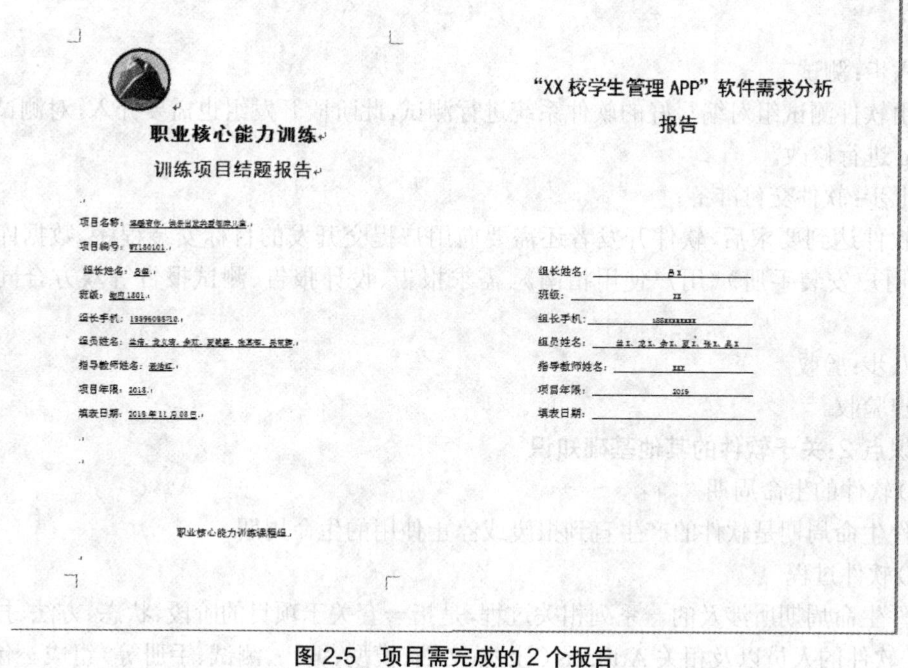

职业核心能力训练

训练项目结题报告

项目名称：

项目编号：

组长姓名：

班级：

组长手机：

组员姓名：

指导教师姓名：

项目年限：

填表日期：

职业核心能力训练课程组

“XX 校学生管理 APP”软件需求分析报告

组长姓名：

班级：XX

组长手机：

组员姓名：

指导教师姓名：XXX

项目年限：2019

填表日期：

图 2-5　项目需完成的 2 个报告

3. 知识准备

知识点 1：软件开发的基础知识

第一步：可行性研究

在调查的基础上，通过各类分析，对项目方案在技术可行性和产生的经济效益等方面进行论证。

第二步：需求分析

(1)相关系统分析员和用户初步了解需求，然后用文档列出系统的各大功能模块，以及每个功能模块所包含的子模块；

(2)系统分析员通过各种方法深入了解和分析需求，根据自己的经验和需求撰写出《需求分析报告》。

（3）系统分析员和用户再次确认需求，以便开展下一阶段的工作。

第三步：概要设计

概要设计需要对软件系统的设计进行考虑，包括系统的基本处理流程、系统的组织结构、模块划分、功能分配、接口设计、运行设计、数据结构设计和出错处理设计等，为软件的详细设计提供基础。

第四步：详细设计

在概要设计的基础上，开发者需要进行软件系统的详细设计，形成《详细设计报告》。在详细设计中，需要描述实现具体模块所涉及到的算法、数据结构、类及调用关系，需要说明软件系统中每个模块的设计细节，以便进行编码和测试。应当保证软件的需求能够得到完全的实现，并能够根据详细设计报告进行编码。

第五步：编码

在软件编码阶段，开发组根据《详细设计报告》的具体要求，开始程序编写，实现各模块的功能。

第六步：测试

交由软件测试组对编写好的软件系统进行测试，此阶段开发组也需要介入，对测试组测试出的 bug 进行修改。

第七步：软件交付准备

当软件达到要求后，软件开发者还需要向用户提交开发的目标安装程序、数据库的数据字典、《用户安装手册》《用户使用指南》、需求报告、设计报告、测试报告等双方合同约定的资料。

第八步：验收

用户验收。

知识点 2：关于软件的其他基础知识

（1）软件的生命周期

软件生命周期是软件的产生直到报废或停止使用的生命周期。

（2）软件过程

软件生命周期所涉及的一系列相关过程，是指一套关于项目的阶段、状态、方法、技术和开发、维护软件的人员以及相关 Artifacts（计划、文档、模型、编码、测试、手册等）组成。包含基本过程类、支持过程类、组织过程类。

基本过程类包括获取过程、供应过程、开发过程、运作过程、维护过程和管理过程。

支持过程类包括文档过程、配置管理过程、质量保证过程、验证过程、确认过程、联合评审过程、审计过程以及问题解决过程。

组织过程类包括基础设施过程、改进过程、培训过程。

（3）结构化分析

这是一种利用图形表达用户需求软件开发方法。

结构化分析方法通常利用多种图形图表将用户的具体需求准确的描述出来，常用的图形图表包括数据流程图（DFD，描述系统数据流程的工具）、数据字典（DD，用于说明数据流程图中的各个元素）、结构化语言（描述一个功能单元的逻辑要求）等。

结构化分析的步骤如下：

- 系统的分析所面临的情况，做出能反映当前物理模型的数据流程图；
- 经过逐步简化，绘制出与上一步等价的逻辑模型的数据流程图；
- 根据上一步的工作设计对应的逻辑系统；
- 提出多个备选方案；考虑备选方案的成本、风险等因素，选定最优方案或重新设计方案；
- 依据选定方案建立完整的需求规约。

知识点 3：软件需求分析的基本步骤

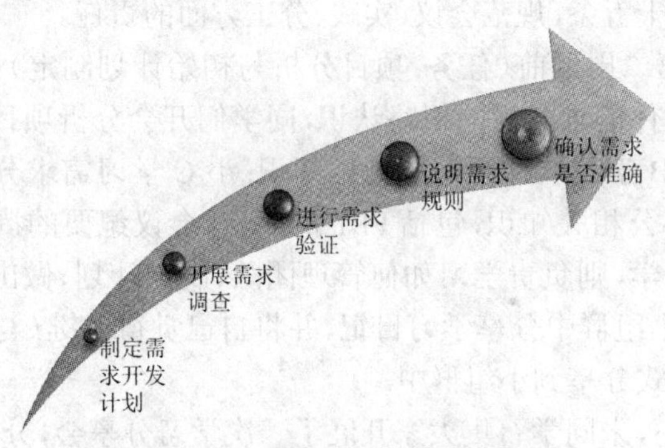

图 2-6 需求分析的基本步骤

（1）制定需求开发计划

这项工作包括建立需求团队、进行工作分解、制定调查分析计划等内容。

（2）开展需求调查

这项工作包括收集客户需求，编写需求调查报告。需求调查可通过实地调研、客户访谈、问卷调查等方法，最终分析并获取客户的真实需求（包括客户未主动提出的潜在需求），并最终形成需求调查报告。

（3）进行需求验证

主要通过各种方式将“模拟最终软件的屏幕显示”，“关键技术和业务功能的概念介绍”等用户所能接受的描述与用户沟通并逐步将其转化为软件系统需求。

（4）说明需求规则

在完成前面几步之后，调查者便可以建立需求制作的规则。需要说明的是，需求规则说明应该全面且无歧义，并且可验证、修改和追踪。

（5）确认需求是否正确

需求开发组组内和客户对需求分析的报告进行评审并最终形成共识。

4. 参考案例

例子项目：某职业院校学生管理 APP 的需求分析调查

项目简介：某职业院校学生管理工作的效果不佳，校领导经过调研之后发现，学校的学生管理工作还停留在人工统计数据的阶段，没有一套高效的软件系统辅助老师的工作，使得老师们将过多的精力投入到了繁杂、重复的统计之中。学生也因为多次提交重复的个人信息或信息登记错误得不到改正而对此产生不满情绪。

项目参与小组：计算机 1601 班阿尔法小组

项目指导老师：何老师

项目开展时间：第7~12周

项目开展过程简述（按行课周）：

（1）第一周课上（任务：团队组建）：阿尔法小组由5位同学组成，由于指导老师的刻意安排，这5位同学分属于不同寝室，彼此并不熟悉。在小组成立以后，老师在这5位同学中选出朱同学作为队长。朱同学首先组织队员开了第一次会议，并且定下了全组的两个目标，最高目标：高质量完成软件需求分析报告、职业关键能力项目结题报告以及项目得分全班第一；最低目标：高质量完成软件需求分析报告、职业关键能力项目结题报告，项目得分全班前三。与此同时，全组定下小组纪律十五条，规范会议、实践、分工方面的责任。

（2）第一周课后至第二周课前（任务：项目分析与初始计划制定）：两天后，小组开展头脑风暴，通过这两天对于软件需求分析的粗略认识，同学们开会分析项目所需的准备知识，并进行了学习分工：小A、小B学习软件开发的基础知识；小C学习需求分析报告的撰写要领；小D作为临时秘书，学习办公相关知识，包括PPT的制作、会议纪要的撰写、结题报告的撰写要领等；而作为组长的朱同学，则负责学习如何管理团队、制定计划、做出决策等。朱同学规定，每位同学每天都必须在小组群中分享学习日记，并将自己觉得关键（与项目密切相关）的知识点进行梳理，按照规定格式分享到小组群中。

经过3天的快速学习，朱同学召集大家开展了一次学习分享会，分享会上每个同学都将自己所学的知识进行了分享，最终由临时秘书小D将学习资料汇总，制成备忘录。朱同学规定，每周开一次分享会，加深小组成员对软件需求分析相关知识的理解。同时，阿尔法小组开始制定项目初始计划，计划中写明了整个项目所需的时间、资源、分工、下一周具体实施阶段的步骤等。

第二次课前一天，阿尔法小组完成项目初始计划，并准备好PPT和相关资料，组长朱同学指定临时秘书小D作为发言人，宣讲本组的初始计划。

（3）第二周课上（任务：课堂宣讲）：小D站上讲台进行宣讲，可是由于是第一次在台上当众演讲，不管是语言组织还是肢体语言都没能清晰的表达出本组的计划，在问答环节中，其余小组轮番的对小D宣讲过程中的语言漏洞和计划本身的不合理之处发问，现场气氛比较激烈。

组长朱同学记录其他小组提出的问题和整改意见，同时对小D没有回答上的问题进行了补充解释。老师也向阿尔法小组提出了几点建议：首先，应该要明确小组要进行调查的目标人群，而不是在校园里随机抽问，因为本项目并没有“真实的客户”，小组必须寻找到与“真实的客户”身份相近的人群，这个项目才会接近真实；其次，阿尔法小组的初始计划中，没有提出多个应急策略，实施过程一旦遇到意外，便无法进行下去，还会耽误时间；最后，小组的计划撰写并不规范，格式混乱，只规定了一个大概的框架，却没有将计划细化到每一天，也没有规定每个阶段的时间节点，这样会使得整个小组没有紧迫感。由于课堂表现不佳，小组本堂课的得分较低，排名全班倒数第二。

（4）第二周课后至第三周课前（任务：课后反思、调整计划和实施计划）：朱同学召集小组成员开会，进行反思并按照老师和同学们的意见和建议对项目实施计划进行了调整，调查目标人群定为：学生管理部门老师、辅导员老师、学生这三类群体，并在课后第二天将调整后的计划发给老师审阅。老师审阅后，建议阿尔法小组可进行第一次实践尝试。

两天后，阿尔法小组进行第一次实践，主要的任务是对学生管理部门的老师进行调查，可是调查的过程却让小组成员倍感沮丧。学生管理部门的老师比较繁忙，同时也怀疑阿尔法小组同学的调查目的，阿尔法小组的第一次实践尝试以失败告终。

组长朱同学在实践失败后，立即召集会议，会议上，同学们的士气较低，都认为这个项目难以继续，希望放弃。可是经过朱同学悉心开导，不断鼓励，小组同学觉得在下一次课前在进行一次实践尝试。在讨论分析了三类目标人群的特点之后，朱同学决定，将下一次的调查目标定在学生身上。

次日，阿尔法小组再一次进行实施，目标为学生，他们设计了调查问卷，在学生上课的必经之路上分发，再进行收集，可是由于学生忙于上课，答应配合他们做调查的人数极少，而且问卷收集上来之后，答案五花八门，很多都是敷衍了事。

再一次的失败让阿尔法小组更加气馁，小组成员的士气极低，组长朱同学也没有很好的办法，便求助老师，老师让她将本周实践的失败经历进行总结，并在下一次课上进行宣讲。

（5）第三周课上（任务：第二次课堂宣讲）：因为上一周实践的失败，阿尔法小组的成员们可以预见这一次的宣讲人将会承受极大的压力，所以组长朱同学主动请缨，担任宣讲人，这样的举动让小组其他同学很受感动。在宣讲台上，朱同学毫不避讳的将本周阿尔法小组的实践情况一一说明，并诚恳的请求老师和同学给与帮助。

在各小组轮流提问环节，同学们向阿尔法小组提出了很多宝贵的建议，例如让他们可以选择午饭时间对同学们进行调查，这样的话同学们就会更有时间，还有同学建议，使用电子调查表，通过二维码在群上进行转发，可以扩大调查规模。而老师的建议则是调查辅导员老师，因为辅导员是学生最熟悉的老师，再通过辅导员老师的帮助，去和学生管理部门的老师接洽。

（6）第三周课后至第四周课前（任务：计划的再次调整与实施）：经过第三周的课堂宣讲和交流，阿尔法小组找回了信心，他们开会过后，将实施计划进行了修改：小 A、小 B 提出放弃纸质调查问卷，使用某在线问卷网站制作调查问卷，并在熟悉的同学间转发问卷二维码；他们去走访记录辅导员老师对于学生管理 APP 的具体功能需求，并请求辅导员老师将他们介绍给学生管理部门的老师。

三天后，阿尔法小组搜集了 110 份调查问卷，调查了 6 位辅导员老师和 2 位学生管理部门的老师，数据汇总后制成了简单的报告和 PPT。

（7）第四周课上（任务：阶段性成果汇报）：小 A 担任本次阿尔法小组的宣讲人，自信的向同学们讲解上一周的调查成果。可是在宣讲过后却被老师批评，老师认为阿尔法小组只是直接展示了数据，却没有将调查数据进行整理和归纳，更没有形成调查结论。老师提醒阿尔法小组接下来要进行数据分析，形成结论，并尽快撰写需求分析报告，再将需求分析报告的第一版拿给受访辅导员、受访学生管理部门老师和受访学生代表审阅。

（8）第四周课后至第五周课前（任务：数据整理及软件需求分析报告撰写）：软件需求分析报告的撰写由小 C 牵头，全组配合，形成报告第一版之后，阿尔法小组将报告发给相关老师和学生，可是他们对报告的反馈的结果却不满意。

反馈的主要问题如下：①学生管理老师认为该报告没有将他的需求真实反映；②辅导员老师认为，该报告要需要添加几项内容，尤其是学生安全管理方面的功能比较缺乏；③学生觉得该 APP 还是不够方便。

（9）第五周课上（任务：汇报需求分析报告撰写进展）：本周课的宣讲者为负责软件需求分

析报告的小C，他将报告的第一版展示给老师和同学们，并将受访者（模拟客户）的反馈意见也列举出来。老师和同学们给出的意见是，按照受访者的要求，再修改软件需求分析报告，形成第二版，然后再交由他们审阅一次。老师提醒，再下一周便是整个项目的结题阶段，需求分析报告必须完成，同时，结题报告和结题答辩的准备也要完成。时间上的紧迫让阿尔法小组感到压力倍增。

（10）第五周课后至第六周课前（任务：需求分析报告修改与结题答辩的准备工作）：这一周，阿尔法小组极为繁忙，小组开会过后决定，由朱同学和小D负责结题报告、结题宣讲的准备，小C会同小A、小B加紧完成需求分析报告第二版的工作，两项工作齐头并进，务必要在最后一次课前两天完成。

（11）第六周课上（任务：结题宣讲、答辩并上交所有项目资料）：结题由组长朱同学负责宣讲，小组全体同学进行配合，顺利结题。阿尔法小组最终将该软件需求分析报告、结题报告和其他资料汇总发给老师存档，并获得了全班第二的好成绩。

<table>
<tr><td colspan="3">第一周课前有话：
1. 什么是软件需求分析报告？
2. 撰写软件需求报告需要哪些准备知识？
3. 组织行为学能否帮助我们管理团队？
4. 为什么要强调思维模式的重要性？
本周需要关注的能力点：与人合作能力、与人交流能力、自我学习能力、思维模式。</td></tr>
<tr><td>实施步骤</td><td>主要内容</td><td>教师评价</td></tr>
<tr><td>筹备会议</td><td>解决以下问题：
1. 什么是软件需求分析调查报告？

2. 什么是结题报告？

3. 什么是会议纪要？

4. 如何去分工学习准备知识？

在此记录筹备会议上的重要议题：</td><td></td></tr>
</table>

续表

实施步骤	主要内容	教师评价
项目选题	1. 老师给出的项目结题标准是什么？ 2. 本组的项目名称是？	
预期意义	1. 为什么要选择这个项目名称？ 2. 这个项目具有哪些意义？ 3. 你预计项目能锻炼自己什么样的关键能力？	
资源准备	1. 除了书上提供的知识资源以外，你还应该学习些什么？ 2. 学生可以去哪里学习上述知识？	

续表

实施步骤	主要内容	教师评价
集中研讨会	1. 是不是应该制定项目计划？ 2. 是不是应该讨论项目分工？ **小知识** 关于计划的SMART原则： ● S代表具体(Specific)，指计划中各个项目的描述要具体，不能笼统。计划中的各项目标设置要有项目、衡量标准、完成措施、完成期限以及资源要求，使施行计划者能够很清晰的看到计划中要做哪些事情，每件事情要完成到什么样的程度。 ● M代表可量化(Measurable)，目标指标是可量化或者行为化的，考核这些指标的数据是可以获得的。制定计划的人与考核计划实施效果的人要有一个一致的、标准的、清晰的可度量的标尺，避免计划中使用模糊的概念。所谓可衡量性可考虑将最终目标细化、分解成阶段性目标，再将阶段性目标细化成分一步步细化，如果仍不能直观的衡量评估效果，还可以将完成目标的工作进行流程化，通过流程化使目标可衡量。 ● A代表可实现(Attainable)，计划目标在付出努力的情况下可以实现，避免设立过高或过低的目标。目标设置要坚持基层参与、上下沟通，使拟定的工作目标在组织及个人之间达成一致。既要使工作内容饱满，也要具有可实现性。可以制定出“跳一跳，够得着”的目标，不要制定出“远在天边”的目标。 ● R代表相关性(Relevant)，任意一个目标与工作的其它目标是相关联的。如果实现了这个目标，但对其他的目标完全不相关，或者相关度很低，那这个目标即使被达到了，意义也不是很大。 ● T代表有时限(Time-bound)，注重完成绩效指标的特定期限。目标设置要具有时间限制，或者叫时间节点，根据工作任务的权重、事情的轻重缓急，拟定出完成目标项目的时间要求，定期检查项目的完成进度，及时掌握项目进展的变化情况，以方便对计划实施者进行及时的工作指导，以及根据工作计划的异常情况变化及时地调整。 4. 在这个实践项目中，我的职责(分工)是什么？ 5. 队友们的职责(分工)又是什么？ 6. 这次项目中，我准备如何帮助队友们完成他们的任务？	

续表

<table>
<tr><th>实施步骤</th><th>主要内容</th><th>教师评价</th></tr>
<tr><td>集中研讨会</td><td>小知识
会议纪要是什么样子的：
XX学院第一届团总支学生会工作会议
会 议 纪 要
2019年第3期　总第18期
二〇一九年四月八日
一、留学生座谈会
4月9日下午2点12栋502教室举办。留学生参与人数55人，我院参与人数10人。办公室负责PPT、座牌的制作。我院同学需注意言行。
二、辅导员技能大赛
汇报辅导员技能大赛完成进度。4月9日检查博远厅全部设备确保4月10日辅导员技能大赛能正常进行。
三、第一届“耀青春”杯篮球赛
汇报第一届“耀青春”杯篮球赛完成进度。确保第一届“耀青春”杯篮球赛能正常进行。
参会人员：
聂XX、李XX、罗XX、左XX、周X
共：5人
XX学院团总支学生会　2019年X月X日
图 2-7　会议纪要模板</td><td></td></tr>
<tr><td>会议纪要尝试</td><td>请在此处附上集中研讨会的会议纪要：</td><td></td></tr>
</table>

续表

实施步骤	主要内容	教师评价
编制计划表、进度表	1. 进度表、计划表应该如何绘制？各自的作用是什么？ 2. 除了进度表、计划表，还有什么图表可起到类似的作用？	

小知识

进度表：用于反映工作开展进度的表格，通常可使用甘特图进行绘制。

计划表：用于反映工作计划内容的表格。

任务 时间	第一周							第二周							第三周							第四周							第五周							第六周						
	1	2	3	4	5	6	日	1	2	3	4	5	6	日	1	2	3	4	5	6	日	1	2	3	4	5	6	日	1	2	3	4	5	6	日	1	2	3	4	5	6	日
学习与资料搜集																																										
初始计划制定																																										
宣讲准备工作																																										
计划修改																																										
实施1																																										
反思总结1																																										
…																																										
…																																										
任务X																																										
任务Y																																										
任务Z																																										
…																																										
…																																										
XX报告撰写																																										
结题报告撰写																																										

图 2-8 进度表参考模板

项目 内容	工作内容		进度
工作计划、			
上月工作总结	自评	负责人提出表扬	批评及处罚
		结果：	结果：
	突出部分		
	不足部分		
	需改进的		
	改进措施		

上月工作总结	未完成的工作及原因：					处理结果
	如何能完成或尽快解决： 办法：					
	计划外及日常工作完成情况：					
	在你现有工作岗位中你认为需要加强和注意的都有哪些：					
	你认为你的工作是否高效：					
	领导交办的事情及其它部门需配合做的事情是否及时完成并达到效率：					
	积极主动、完善、提升本职工作的成效有多少（按时解决的有多少？例举事例并填写次数）？上报后得到解决的除外：					
	为店家、代理商服务态度	□主动	□热情	□好	□一般	□差
	对事事间工作配合阐述	□主动	□热情	□好	□一般	□冷漠
	自评					
	负责人总结：					

图 2-9 计划表参考模板

续表

<table>
<tr><th>实施步骤</th><th>主要内容</th><th>教师评价</th></tr>
<tr><td>编制计划表、进度表</td><td>
XX项目计划表
<table>
<tr><th>周数</th><th>时间</th><th>计划内容</th></tr>
<tr><td>第一周</td><td>X月X日-Y月Y日</td><td>1. 指导老师布置设计内容；
2. 了解主题，确定题目。</td></tr>
<tr><td>第二周</td><td>X月X日-Y月Y日</td><td>1. 学习相关知识；
2. 制定计划。</td></tr>
<tr><td>第三周</td><td>X月X日-Y月Y日</td><td>1. 实施计划；
2. 修改计划；
3. 做好宣讲准备。</td></tr>
<tr><td>第四周</td><td>X月X日-Y月Y日</td><td>1. 报告撰写；
2. 意见和建议的收集。</td></tr>
<tr><td>第五周</td><td>X月X日-Y月Y日</td><td>1. 完成所有报告和资料的收集。</td></tr>
<tr><td>第六周</td><td>X月X日-Y月Y日</td><td>1. 准备答辩并结束所有学习。</td></tr>
</table>
图 2-10　计划表举例

请在此处附上整个项目的计划表和进度表：
</td><td></td></tr>
</table>

续表

<table>
<tr><th>实施
步骤</th><th>主要内容</th><th>教师
评价</th></tr>
<tr><td colspan="2">第二周课前有话：
1. 当众演讲是应该做好哪些准备？
2. 如何做好答辩记录？
本周需要关注的能力点：信息处理能力、与人交流能力、问题解决能力。</td><td></td></tr>
<tr><td>准备
宣讲</td><td>1. 第一次宣讲需要准备些什么资料？请列出准备清单。

表 2-2　准备资料清单
<table><tr><th>准备材料名称</th><th>件数</th><th>负责人</th></tr><tr><td></td><td></td><td></td></tr><tr><td></td><td></td><td></td></tr><tr><td></td><td></td><td></td></tr><tr><td></td><td></td><td></td></tr><tr><td></td><td></td><td></td></tr><tr><td></td><td></td><td></td></tr><tr><td></td><td></td><td></td></tr><tr><td></td><td></td><td></td></tr></table>
2. 小组该如何展示本组的项目计划？

3. 本组是如何选定宣讲人的？每位组员对宣讲人的推荐有何意见和建议？

项目进行到目前这个阶段，有哪些工作和经验需要总结？</td><td></td></tr>
</table>

续表

实施步骤	主要内容	教师评价
总结	**小知识** 总结的写法： **关于《XX》课程本学期开展情况的个人意见** XX 课程组 X 院长，以下是我作为职业核心能力课程组组长的个人意见，不当之处烦请指正。 **总体感受：** 本学期的职业核心能力训练教学，虽然任课老师不少，但是真正承担大一学生课程的教师，只有我、陈 XX、余 XX、周 XX、王 X、纪 X 老师六人，虽然老师们很努力，但是整体的教学效果并不如我预想。 在听课的过程中，我发现了以下问题，而针对这些问题，我提出了一些自己的看法： **对于教师：** 1. 对教室的布置没下功夫，部分老师没有意识到教室布置对教学效果的重要影响，使得学生在课堂上并没有很强的小组集体观念，教师和学生在发言时，多数只能站在讲台之后，天然的就给整个课堂传达出一种师生相隔，或者演讲者与听众相隔的“暗示”，是一些学生注意力涣散的诱因。 客观原因：没有专用于职业核心能力训练的教室。 主观原因：低估了教学环境对课程教学的影响。 **图 2-11　总结模板** 请在此处附上简单的总结：	

续表

<table>
<tr><th>实施步骤</th><th>主要内容</th><th>教师评价</th></tr>
<tr><td>宣讲</td><td>1. 宣讲到底要注意哪些问题？

表 2-3　宣讲人的准备
<table><tr><th>需准备项目</th><th>宣讲人如何准备</th><th>备注</th></tr><tr><td></td><td></td><td></td></tr><tr><td></td><td></td><td></td></tr><tr><td></td><td></td><td></td></tr><tr><td></td><td></td><td></td></tr><tr><td></td><td></td><td></td></tr><tr><td></td><td></td><td></td></tr></table>
2. 请将宣讲人的讲述逻辑用流程图表示如下：</td><td></td></tr>
<tr><td>宣讲过程记录</td><td>1. 同学们提出了哪些问题？

表 2-4　同学们的意见和建议记录表
<table><tr><th>同学们的意见和建议</th><th>本组的对应策略</th></tr><tr><td></td><td></td></tr><tr><td></td><td></td></tr><tr><td></td><td></td></tr><tr><td></td><td></td></tr><tr><td></td><td></td></tr><tr><td></td><td></td></tr></table>
表 2-5　老师的意见和建议记录表
<table><tr><th>老师的意见和建议</th><th>本组的对应策略</th></tr><tr><td></td><td></td></tr><tr><td></td><td></td></tr><tr><td></td><td></td></tr><tr><td></td><td></td></tr><tr><td></td><td></td></tr></table></td><td></td></tr>
</table>

续表

<table>
<tr><th>实施步骤</th><th>主要内容</th><th>教师评价</th></tr>
<tr><td>宣讲过程记录</td><td>2. 宣讲人的本场表现记录：

表 2-6　宣讲人的表现记录表
<table><tr><th>表现好的方面</th><th>表现不好的方面</th></tr><tr><td></td><td></td></tr><tr><td></td><td></td></tr><tr><td></td><td></td></tr><tr><td></td><td></td></tr><tr><td></td><td></td></tr><tr><td></td><td></td></tr><tr><td></td><td></td></tr><tr><td></td><td></td></tr></table>
小知识：
演讲中非语言沟通的优势：
● 能表达出语言难以表达的深层含义；
● 能真实反映演讲者的内心情感；
● 能拉近演讲者和听众的距离。
可以参考《演讲与口才》或其他演讲类资料，提升演讲能力。

罗列出你在演讲过程中的最大劣势：</td><td></td></tr>
<tr><td>难点自析</td><td>1. 通过宣讲和答辩，我们发现初始计划中有哪些工作难度较大？

2. 在项目实施的过程中，我们又可能碰到什么样的困难？

3. 为应对这些困难本组做了哪些准备？</td><td></td></tr>
</table>

续表

实施步骤	主要内容	教师评价
请求协助	1. 当我们遇到困难无法解决时,可向谁求助? 2. 有哪些方法能够帮助我成功得到他人的帮助? 3. 向他人求助时,我要注意哪些细节?	
集中研讨会	1. 是不是该讨论第一次实践的任务安排? 2. 是不是该讨论第一次实践的人员安排? 请在此处附上集中研讨会会议纪要:	
实施	1. 如果有问卷,我们需要设计哪些问题? 2. 实施的过程中可能遇到什么样的问题? 3. 我们可以采取哪些措施去解决这些潜在的问题?	

续表

实施步骤	主要内容	教师评价
实施	**小知识** 如何做好问卷？ 做问卷前的准备工作： ● 设计者必须了解本次问卷所要达到的目的。设计者可以在确定目的后选定一个问题范围，即想了解受访者的哪些方面？设计者想要解决受访者面对的什么问题？这一步是决定问卷设计是否成功的关键。 ● 设计者必须要进行问卷内容相关知识的储备。知识的铺垫是设计问卷的关键要素，有助于避免问卷不专业，甚至因为用词不当而使得受访者会错意，进而将调查结果引向歧途。设计者应该尽可能的收集相关的数据，进行数据分析，这将有利于问卷的最终效果。 ● 设计者应该充分了解受访者。问卷调查不等于考试做题，设计者应该与受访者进行“访谈”，了解他们对于你想了解的领域和想解决的问题的主观想法，并且哪些才是你要发问卷的对象，如何发问卷，才不会出现高概率拒绝，这些都需要设计者去了解。 做问卷时的题目要点： ● 问卷要通盘考虑，题目的设计需要围绕着一个假设。 ● 所有题目之间应该形成一个逻辑，而绝不能将题目设计成互相孤立或关联度低的个体。 ● 在问卷中设计相似性的题目用于标记受访者对此问卷的问题是否认真作答。 问卷发放时需要注意。 ● 问卷的代表性和有效性比问卷的回收数量更为重要。 ● 充分使用信息化手段来帮助自己进行问卷收集，如网上问卷。 如何设置问卷问题？ ● 问卷最好有恰当的称呼（女士 / 先生，您好！）和导语，导语说明了你的来意（比如调查 XX 餐厅客户满意度调查表）以及调查的意义（为了让餐厅提升服务客户的水准），此外，还可以在导语中提示受调查者如何填这份问卷，让受调查者更容易上手并启发他的思考。 ● 问卷的问题设置要有梯度，前面 2 到 3 个问题要浅显易答，之后再深入，直到你想问的核心问题，前面可以问一些受调查者的基本信息或其他相关信息。 ● 问题的设置要始终围绕你的调查目的展开，除一些了解受访者基本信息和背景知识外，其他均要紧扣中心，这是为以后数据处理分析二是不让受访者有混乱感，所以一个无关的问题都不要提。 ● 多设置封闭式问题、客观题，少设置开放式问题、主观题，以降低问卷分析难度。 ● 问题的描述要具体、清楚，不要一个问题问两件事。 ● 答案的选项设计要多从受调查者的角度来看，选项一定要尽可能的全面，有的问题要设置类似“不知道”，“无所谓”这样的中庸答案，免得受调查者无答案选择。	

续表

<table>
<tr><th>实施
步骤</th><th>主要内容</th><th>教师
评价</th></tr>
<tr><td>实施</td><td>
客户满意度调查表

尊敬的客户：
您好，非常感谢您对xx的大力支持和信任，我们将一如既往的站在客户的立场，为客户的利益尽职尽责，争取客户最大的满意。
为了更进一步提高服务质量，特就xx的业务、服务、维护等方面征求意见。我们真诚的希望您能填写这份问券，提供宝贵的意见和建议。

Q1：客户信息
姓名 ______________
职位 ______________

Q2：总体满意度
<table>
<tr><th></th><th>很满意</th><th>比较满意</th><th>一般</th><th>比较不满意</th><th>很不满意</th></tr>
<tr><td>您对xx的整体服务满意吗？</td><td>○</td><td>○</td><td>○</td><td>○</td><td>○</td></tr>
<tr><td>您对总体的质量满意吗？</td><td>○</td><td>○</td><td>○</td><td>○</td><td>○</td></tr>
<tr><td>价格定位</td><td>○</td><td>○</td><td>○</td><td>○</td><td>○</td></tr>
<tr><td>合同履行</td><td>○</td><td>○</td><td>○</td><td>○</td><td>○</td></tr>
<tr><td>技术支持服务</td><td>○</td><td>○</td><td>○</td><td>○</td><td>○</td></tr>
<tr><td>售后服务</td><td>○</td><td>○</td><td>○</td><td>○</td><td>○</td></tr>
<tr><td>客户维护</td><td>○</td><td>○</td><td>○</td><td>○</td><td>○</td></tr>
</table>

图 2-12 问卷设计参考模板 1

大学生就业意向调查问卷

您好，我们是XXX，我们正在进行一项关于大学生就业的调查，想邀请您用几分钟时间帮忙填答这份问卷。本问卷实行匿名制，所有数据只用于统计分析，请您放心填写。题目选项无对错之分，请您按自己的实际情况填写。谢谢您的帮助！

Q1：您的性别？
○ 男
○ 女

Q2：您的年龄？
____

Q3：以下哪项描述符合你毕业后的去向安排？
○ 就业
○ 自主创业
○ 考研
○ 出国
○ 暂不就业

Q4：你就读的学校所在省份是？
省份

图 2-13 问卷设计参考模板 2
</td><td></td></tr>
</table>

续表

<table>
<tr><th>实施
步骤</th><th>主要内容</th><th>教师
评价</th></tr>
<tr><td>实施</td><td>网站建设客户需求分析调研表

欢迎参加本次答题

Q1：1、您公司希望通过互联网起到那些作用:
○ 提升企业形象 概况介绍企业荣誉组织结构联系信息
○ 品牌传播 品牌阐述品牌文化品牌故事品牌传播活动
○ 产品宣传 产品展示产品介绍技术参数列表产品手册下载
○ 产品在线销售 产品报价信息知会经销商授权在线反馈统计报表

Q2：网站标志:
○ 有
○ 重新设计

Q3：确定网站的风格，您希望网站有怎样的设计特色
○ 严谨，大方，内容为本，设计专业适用于办公或行政企业
○ 浪漫，温馨，视觉设计新潮，适用于各类服务型网站，如酒店
○ 清新、简洁、适用于各类企业单位
○ 热情、活泼，大量用图和动画适用于纯商业网站或产品推广网站

图 2-14　问卷设计参考模板 3

请在此处附上本组的问卷：</td><td></td></tr>
<tr><td>阶段
总结
会</td><td>请在此处附上阶段总结会会议纪要：

请附上调整后的计划表：</td><td></td></tr>
</table>

续表

<table>
<tr><th>实施步骤</th><th>主要内容</th><th>教师评价</th></tr>
<tr><td>实施</td><td>实施过程记录：

表 2-7　实施过程记录表
<table><tr><th>工作子项名称</th><th>所遇问题</th><th>解决办法</th></tr><tr><td></td><td></td><td></td></tr><tr><td></td><td></td><td></td></tr><tr><td></td><td></td><td></td></tr><tr><td></td><td></td><td></td></tr><tr><td></td><td></td><td></td></tr><tr><td></td><td></td><td></td></tr><tr><td></td><td></td><td></td></tr><tr><td></td><td></td><td></td></tr></table></td><td></td></tr>
<tr><td colspan="3">第三周课前有话：
1. 如何评估目前的项目实施效果？
2. 如何进行资料收集、归档？
本周需要关注的能力点：数字应用能力、与人交流的能力、自我学习能力。</td></tr>
<tr><td>实施过程材料整理</td><td>请梳理一下我们目前收集的资料：

表 2-8　所搜集资料列表
<table><tr><th>资料名称</th><th>数量</th></tr><tr><td></td><td></td></tr><tr><td></td><td></td></tr><tr><td></td><td></td></tr><tr><td></td><td></td></tr><tr><td></td><td></td></tr><tr><td></td><td></td></tr><tr><td></td><td></td></tr><tr><td></td><td></td></tr><tr><td></td><td></td></tr></table></td><td></td></tr>
</table>

续表

实施步骤	主要内容	教师评价
实施过程问题归因	1. 在项目实施的过程中有哪些遗憾或问题？ 2. 请对上述遗憾或问题进行内归因？ 3. 请对上述遗憾或问题进行外归因？	
集中研讨会	1. 组内是如何找到所面临问题的解决方法？ 2. 组内对下一次实施方案的细则是否进行了讨论？请举例。 请在此处附上集中研讨会会议纪要：	
项目推进会	**小知识** 为什么要进行团队再建设？ 在经过了几个星期的训练，工作团队已经产生了一些默契，取得了一些成绩，可是这个时候，却是最容易出现“团体病”的时候： 疾病一：划水病 任何人都有想偷懒的想法，当你发现团队里有你没你其实问题不大的时候，就会自我放逐，逐渐“边缘化”。 疾病二：荣誉病 当你们团队获得了较好的成绩时，你可能会觉得这都是其中一两个人的功劳，自然而然就会觉得其余的同伴可有可无，逐渐“寡人化”。 疾病三：经验病 你们在前期项目中总结出了一套行之有效的方法，你们就觉得这种方法是万能钥匙，会因为思维定式而有意思无意识的忽略新项目中的关键不同，逐渐“顽固化”。 疾病四：暗战病 在前期项目中，你和某位队员因为某些原因不和，互相看不惯，逐渐“宫斗化”。 针对这样的问题，我们在第二次项目开题时进行一次简单的集体团队反思： 我们的队名是什么？每个人都互相熟识么？在实践过程中，谁为团队付出了最多？在实践过程中，哪些队友帮助过我？在项目中我发过脾气么？在项目中与队友争论时，说话是不是过激了？…… 自己的反思：	

续表

<table>
<tr><th>实施步骤</th><th>主要内容</th><th>教师评价</th></tr>
<tr><td colspan="3">第四周课前有话：
1. 如何准确的汇报阶段性成果？
2. 遇到“刁难”的提问时，应该如何应对？
本周需要关注的能力点：数字应用能力、信息处理能力、问题解决能力、与人交流能力。</td></tr>
<tr><td>宣讲</td><td>1. 同学们提出了哪些问题？

表 2-9　同学们的意见和建议记录表
<table><tr><th>同学们的意见和建议</th><th>本组的对应策略</th></tr><tr><td></td><td></td></tr><tr><td></td><td></td></tr><tr><td></td><td></td></tr><tr><td></td><td></td></tr><tr><td></td><td></td></tr></table>
表 2-10　老师的意见和建议记录表
<table><tr><th>老师的意见和建议</th><th>本组的对应策略</th></tr><tr><td></td><td></td></tr><tr><td></td><td></td></tr><tr><td></td><td></td></tr><tr><td></td><td></td></tr></table>
2. 宣讲人的本场表现记录：

表 2-11　宣讲人的表现记录表
<table><tr><th>表现好的方面</th><th>表现不好的方面</th></tr><tr><td></td><td></td></tr><tr><td></td><td></td></tr><tr><td></td><td></td></tr><tr><td></td><td></td></tr><tr><td></td><td></td></tr><tr><td></td><td></td></tr><tr><td></td><td></td></tr><tr><td></td><td></td></tr><tr><td></td><td></td></tr></table></td><td></td></tr>
</table>

续表

实施步骤	主要内容	教师评价
实施修改	请记录本周修改后的实施计划或策略：	
数据分析问题归因	请对数据进行分析：	
分析模型	你是使用了哪种分析模型？	
分析结果展示	请记录数据分析的结果和实施过程的重要佐证（粘贴图表、照片）：	
集中研讨会	请在此处附上集中研讨会会议纪要：	

第五周课前有话：
1. 结题报告如何撰写？
2. 是否将所有所需的材料都一一准备妥当？
本周需要关注的能力点：信息处理能力、与人合作能力、问题解决能力。

实施步骤	主要内容	教师评价
最终反思	1. 在实施过程中，我们的目标是否因为主观原因被迫降低了？ 2. 整个项目过程中我们的动力是否还一如往常？	
结题答辩准备	表 2-12 结题准备资料清单（见下表）	

表 2-12　结题准备资料清单

准备材料名称	件数	负责人

第六周课前有话：
1. 请每组安排组员用手机录制本组的答辩过程；
2. 最后感谢所有帮助过你的老师和同学们。

结题答辩	将答辩记录记在此处：

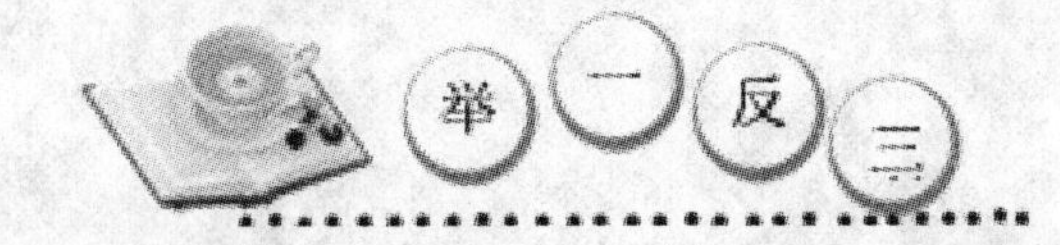

请学有余力的小组完成以下职业关键能力训练项目：

城市化建设中的XX：

①什么是城市化，它的相反面是什么？

②城市化过程中亲身经历者们面临了哪些问题？

③想要去研究哪个问题？

例子：原XX电机厂的职工们对城市拆迁的感受，从中寻找出可以研究和实践的关键点。（……寻访→汇总→设计→实践→……）

按照以上话题材料，寻找城市化建设中的一个角度，采取职业关键能力的训练方法和最终要求，进行此次项目实践。

学有余力的同学，还可以选修以下课程：

名称	作者	出处	ISBN	图书图片
《软件工程》	天津滨海迅腾科技集团有限公司	南开大学出版社	978-7-310-05324-7	
《组织行为学》	丁敏	人民邮电出版社	978-7-115-272652	
《组织行为学》		万门大学，中国人民大学劳动人事学院，李陈锋	https://www.wanmen.org/courses/586d23485f07127674135d33/lectures/586d-23535f07127674158b50	

项目三　智慧物流分拨中心的建设与运营

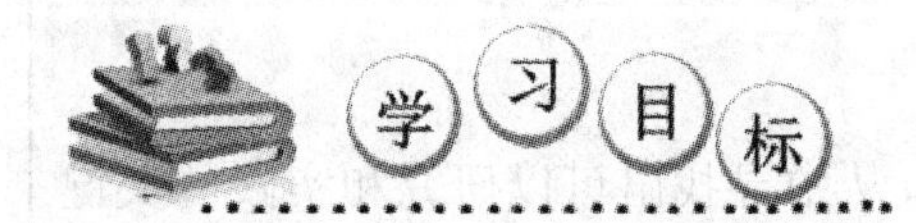

目前,我国物流业处于快速增长、全面发展的新时期,但是物流效率较低。以信息技术为核心,强化资源整合和物流全过程优化是现代物流的最本质特征。物流业是最早接触信息技术的行业,也是最早应用信息技术,实现物流作业智能化、网络化和自动化的行业。智能物流是利用集成智能化技术,使物流系统能模仿人的智能,具有思维,感知,学习,推理判断和自行解决物流中某些问题的能力。现代物流的功能是设计、执行并管理客户供应链中的物流需求,以最低的成本提供客户需要的物流管理和服务,通过统筹策划、精细化组织及高效的管理,逐步发展成为综合性物流服务企业。物流专业人才,尤其是个人能力突出的业务员已被列为我国 12 类紧缺人才之一。

在智能物流分拨中心的建设与运营中,业务员除了具备物流信息技术相关的专业知识以外,还需要具备较高的职业关键能力。例如,当客户不清楚该货物是否可以邮寄的时,你必须详细询问货物的特征,或者客户要求退换货时,作为业务员必须做好记录,又或者在智能物流分拨中心选址时,需要调研周边的市场,这些都是职业关键能力的基本要素。

通过本项目的实践,应该达到如图 3-1 所示学习目标。

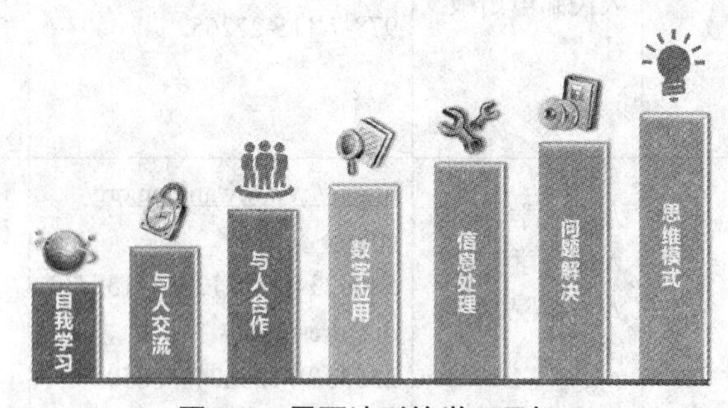

图 3-1　需要达到的学习目标

- 自我学习:①学会物流基本概念。②学会填写快递信息,帮助客户快速下单。③学会如何总结经验教训。④学会合理规划时间。
- 与人交流:①学会与不同的人进行交流的技巧。②学会利用文案来阐明自己的观点。③学会谈判的注意事项。④能够观察了解肢体语言。⑤能够正确清楚地表达自己的意见。
- 与人合作:①学会如何建立团队。②学会激励团队中的队友,并化解团队矛盾。③学会不同工作岗位的衔接。④学会团队管理相关技巧。⑤能够合理分配和统筹各成员工作。

- 数字应用：①能够对数据进行分析。②能够绘制图表。③了解数据可视化。④能够对资料整理总结。
- 信息处理：①能够对信息分类、归纳。②能够判断信息的真伪。③了解多渠道信息来源。
- 问题解决：①学会如何预先发现问题存在。②学会解决并总结问题。③学会了解问题的背后意义。
- 思维模式：运用直观思维、逆向思维、横向思维、透视思维、跳跃思维和立体思维构想出自己的思维方式。

此外，你还能从中学会如何撰写调查问卷、合作意向书等技术文档，为今后在物流行业立足打下基础。

1. 职业关键能力训练的基本流程（图 3-2）

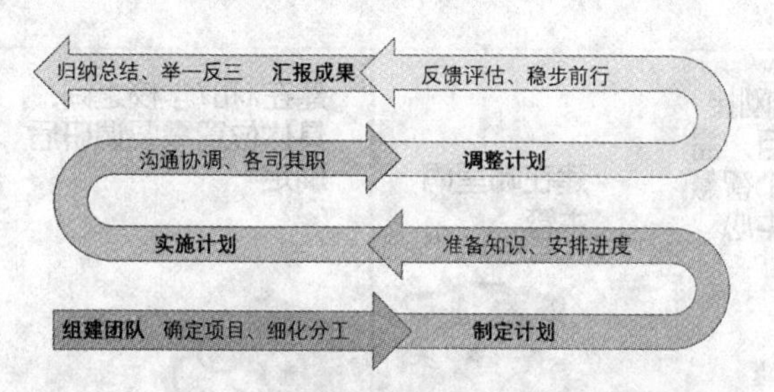

图 3-2　职业关键能力训练项目的基本训练流程

2. 本项目的训练参考流程

“智慧物流分拨中心的建设与运营”可以参照图 3-3 步骤开展：

图 3-3　“智慧物流分拨中心的建设与运营”训练步骤

第一步：实践小组首先明确项目的具体题目，如“菜鸟驿站”“丰巢快递柜”和“快递超市”之类的智慧物流分拨中心，制定人员分工细则。

第二步：按照具体题目进行知识准备，例如了解菜鸟驿站的运营模式以及如何建设、学习如何制定工作计划等。

第三步：按计划实施选址调研，实地考察，问清楚客户的具体需求，分析后确定地址。

第四步：与附近的店铺进行沟通，签订租赁合同。

第五步：与快递公司洽谈相关合作，签订合作意向书。

第六步：团队商量制订揽件、寄件和取件的制度以及定价。

第七步：以创业企划书为蓝本，将项目进展和初期成果制作宣讲 PPT，在班级上宣讲，根据宣讲情况再次进行方案整改，最终形成创业企划书终稿。

第八步：上交调查问卷分析报告、创业企划书和本书需要填写的项目过程记录部分。

本步骤仅作为参考，在项目实施过程中若遇到突发的情况，教师或学生可根据情况进行调整。

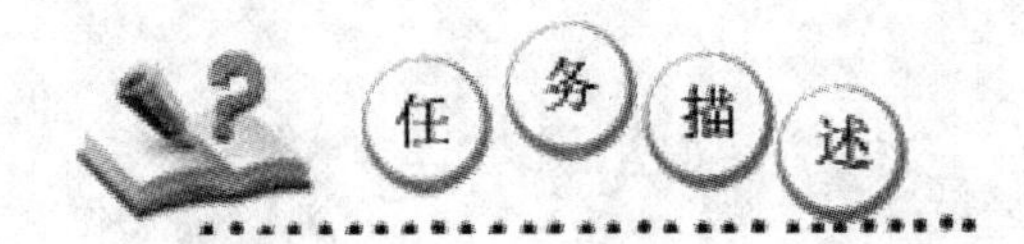

1. 情景导入

图 3-4 情景导入

小 A 在一家快递公司上班，由于业务的扩展，需要在 X 和 Y 学校之间建设并运营一个智慧物流快递分拨中心，对“四通一达”等快递公司的快递进行揽件和送件等业务。

2. 成果要求

表 3-1 学生需提交材料列表

所需材料名称	数量	备注
项目企划书	1 份	模板详见附录 4

续表

所需材料名称	数量	备注
职业关键能力项目结题报告	1份	模板详见附录1
结题汇报 PPT	1份	
汇报录像	1份	
佐证材料（详见任务实施：第六周资料整理）	（详见任务实施：第六周资料整理）	
完成本项目任务实施部分	所有要求填写的内容	

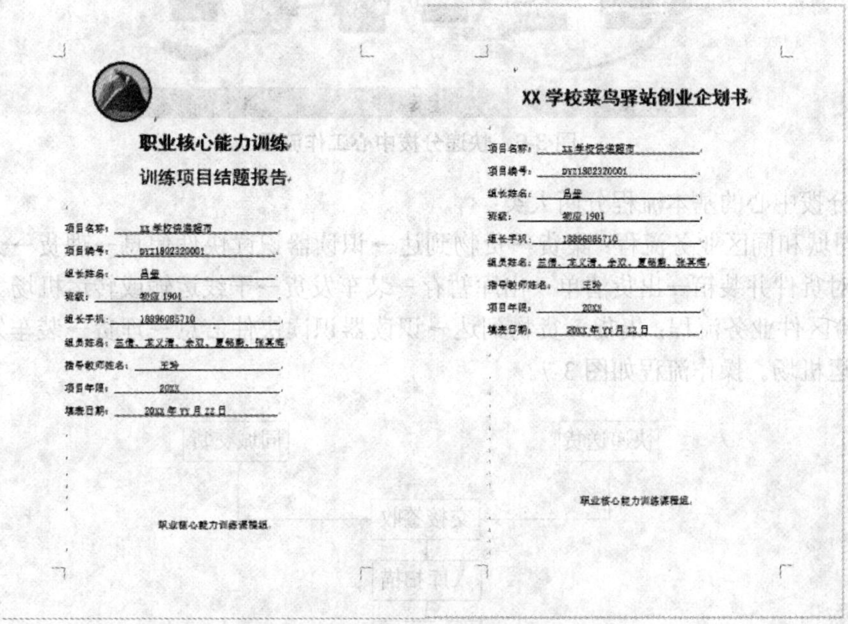

图 3-5　项目需完成的报告和 PPT

3. 知识准备

知识点 1：智慧物流快递分拨中心建设的基础知识

建立一个高效有质量的物流快递分拨中心，对于快递企业控制成本，改善顾客服务质量，提高经营效率尤为重要。

分拨作业是配送中心各项作业一个十分重要的环节，快递分拨中心的主要功能有：

分拣作用：为了能够高效地进行配送即为了能够同时向不同的用户配送，分拨中心必须采取适当的方式对接收到的货物进行快速、低差错率的分拣，在此基础上，按照运输和配送计划将货物进行配装。

存储作用：快件收取之后为了降低配送成本，实现整车运输，需要制定配送计划、协调配送车辆后才能配送，这段时间需要将快件暂时储存起来。

集散作用：分拨中心可以将分散的货物集中在一起，再经过分拣、配装向各个地方的客户发运。

衔接作用：通过对快件运输和配送，分拨中心能够把货物运送到客户手中，客观上起到生产和消费的媒介作用，这是分拨中心主要的功能。

分拨中心划分多个功能区：进港货物暂存区、分拣区、出港货物暂存区、特殊货物处理区、综合办公区、仓库、叉车、托盘存放区。

手持式快递扫描枪是集成应用了自动识别技术、无线通信技术和数据库技术，广泛应用于快递分拨中心的多个环节中，实现自动获取和实时传输现代物流信息。

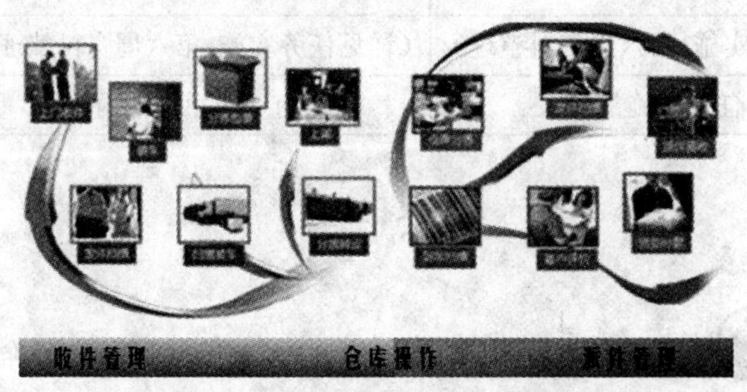

图 3-6　快递分拨中心工作流程

快递分拨中心的基本流程分两大类：

（1）同城和同区业务流程：集货→货物到达→识读器识读快件信息→理货→人工分拣和识别→核对货件并装箱→出货清单→出库暂存→装车发货→干线运输或转运机场。

（2）跨区件业务流程：集货→货物到达→识读器识读快件信息→理货→装车发货→干线运输或转运机场。操作流程如图 3-7。

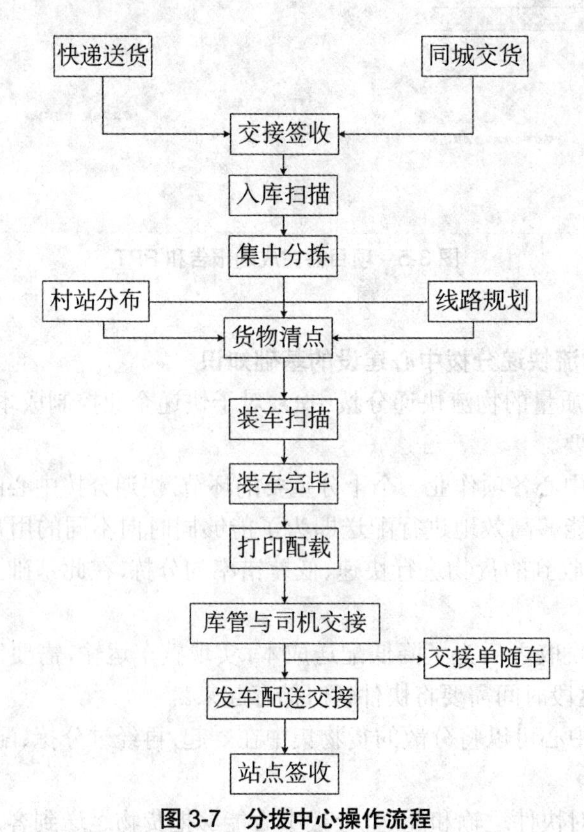

图 3-7　分拨中心操作流程

可参考资料：

全国职业院校微课大赛作品《认识快递分拨中心》，理解分拨中心的作用。

图 3-8　认识快递分拨中心

知识点 2:关于智慧物流的其他基础知识

智能物流具有信息化、自动化、网络化、集成化和智能化等特点。这些特点是智能物流的灵魂，是智能物流发展的必然要求和基石，离不开计算机信息技术的支撑，体现在签收、运输、仓储、订购等过程。因此，智能物流是计算机信息技术应用于物流领域的体现，主要运用了自动识别技术、数据挖掘技术、GPS 技术和 GIS 技术。

其中，自动识别技术通过对所有实体对象，如零售商品、物流单元、集装箱、货运包装等进行惟一有效标识，有效地解决物流领域各项业务运作数据的输入 / 输出、业务过程的控制与跟踪等问题，减少出错率。

4. 参考案例

例子项目：XX 村菜鸟驿站

项目简介：XXX 乡村没有快递点，村民买东西需要自己去县城自提，然后坐公交车回来。或者有一点农产品运不出去，尤其是当货物比较重的时候。村民们怨声载道，不堪重负。急需一个智慧物流分拨中心来解决燃眉之急。经过村领导与菜鸟驿站的洽谈，成功加盟，准备在村里建设与运营一个菜鸟驿站。

图 3-9　XXX 乡村快递

项目参与小组：物联网工程 4 班 M 团队

项目指导老师：吴老师

项目开展时间：第 13~18 周

项目开展过程简述（按行课周）：

（1）第一周课上（任务：团队组建）：M 团队由 5 位同学组成。由于指导老师的刻意安排，这 5 位同学分属于不同寝室，彼此并不熟悉。在小组成立以后，老师在这 5 位同学中选出朱同学作为队长。朱同学首先组织队员开了第一次会议，并且定下了全组的两个目标，最高目标：高质量完成创业企划书、职业关键能力项目结题报告以及项目得分全班第一；最低目标：高质量完成创业企划书、职业关键能力项目结题报告，项目得分全班前三。与此同时，全组定下小组纪律十五条，规范会议、实践、分工方面的责任。有关人员分工：店长一名，会计师一名，入库登记员一名，揽件员一名，送件员一名。

（2）第一周课后至第二周课前（任务：项目分析与初始计划制定）：小组每一个成员结合自身情况，应聘岗位。并制定岗位职责，安排值班表。确定店长 A，会计师 B，入库登记员 C，揽件员 D，送件员 E。然后分别查分拨中心的相关知识。两天后，小组开展头脑风暴，讲解自己对项目的理解，同学们开会分析项目所需的准备知识，并进行了学习分工：A 和 B 撰写调研表；C 负责发放、回收和统计调研表；D 和 E 学习办公相关知识，包括 PPT 的制作、会议纪要的撰写、结题报告的撰写要领等；A 负责学习如何管理团队、制定计划、做出决策等。朱同学规定，每位同学每天都必须在小组群中分享学习日记，并将自己觉得关键（与项目密切相关）的知识点进行梳理，按照规定格式分享到小组群中。

经过 3 天的快速学习，A 召集大家开展了一次学习分享会，分享会上每个同学都将自己所学的知识进行了分享，最终由 D 将学习资料汇总，制成备忘录。A 规定，每周开一次分享会，加深小组成员对软件需求分析相关知识的理解。同时，M 团队开始制定项目初始计划，计划中写明了整个项目所需的时间、资源、分工、下一周具体实施阶段的步骤等。

第二次课前一天，M 团队完成项目初始计划，并准备好 PPT 和相关资料，A 指定 D 作为发言人，宣讲本组的初始计划。

（3）第二周课上（任务：课堂宣讲）：D 站上讲台进行宣讲，可是由于是第一次在台上当众演讲，不管是语言组织还是肢体语言都没能清晰的表达出本组的计划，在问答环节中，其余小组轮番的对 D 宣讲过程中的语言漏洞和计划本身的不合理之处发问，现场气氛比较激烈。

A 记录其他小组提出的问题和整改意见，同时对 D 没有回答上的问题进行了补充解释。老师也向 M 团队提出了几点建议：首先，计划的制定必须要有可执行性，不能天马行空地想象；其次，M 团队的初始计划中，没有提出多个应急策略，实施过程一旦遇到意外，便无法进行下去，还会耽误时间；最重要的是网点选址。菜鸟驿站的网点选址关系着运输成本的高低。合理的网点分配能够同时保障加盟商和快递企业双方的利益，并实现降低运输成本和统一配送的功能。必须结合周边客户的实际情况，作出科学、合理的场地选定和规划设计，而不是随便选择一个地点。由于课堂表现不佳，小组本堂课的得分较低，排名全班倒数第二。

（4）第二周课后至第三周课前（任务：课后反思、调整计划和实施计划）：A 召集小组成员开会，进行反思并按照老师和同学们的意见和建议对项目实施计划进行了调整，调查目标人群定为：社区居民和快递人员这两类群体，并在课后第二天将调整后的计划发给老师审阅。老师审阅后，建议 M 团队可进行第一次实践尝试。

A 和 B 结合网上的调研表模板，设计了十多个问题。M 团队讨论后形成了关于 XX 村菜鸟驿站选择调查问卷。然后打印出来，对社区和快递人员进行调研。同时在网上填写电子问卷;针对于市场上类似的产品，M 团队分配 3 名成员通过网上查询和实地考察等方式,对竞品如丰巢快递柜、e 栈等进行市场调研和分析。

(5)第三周课上(任务:第二次课堂宣讲):因为上一周实践的失败，M 团队的成员们可以预见这一次的宣讲人将会承受极大的压力,所以 A 主动请缨,担任宣讲人,这样的举动让小组其他同学很受感动。在宣讲台上,A 详细讲述了他们如何设计调研问题和实施调研的全过程。

在各小组轮流提问环节,同学们向 M 团队提出了很多宝贵的建议,例如让他们可以删减部分无关的问题,减少问题数量;问题设置单选,避免多选和文字阐述等;调研人群应选择经常上网购物的人群。

(6)第三周课后至第四周课前(任务:数据整理及分析):分析调研结果:根据调查问卷和市场调研分析,M 团队整理、分析、统合调研数据,形成完整的数据表,最终使得数据可视化,如图 3-10 和图 3-11 所示。

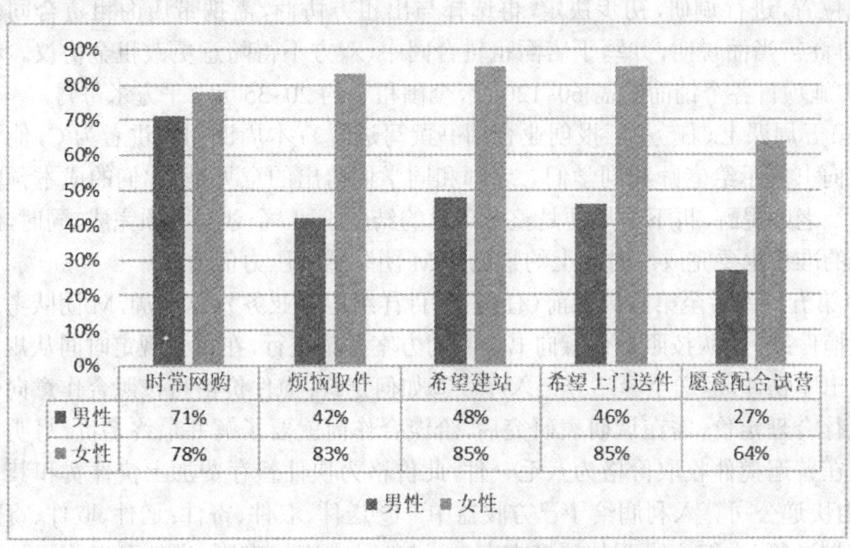

图 3-10　社区市民需要驿站比例

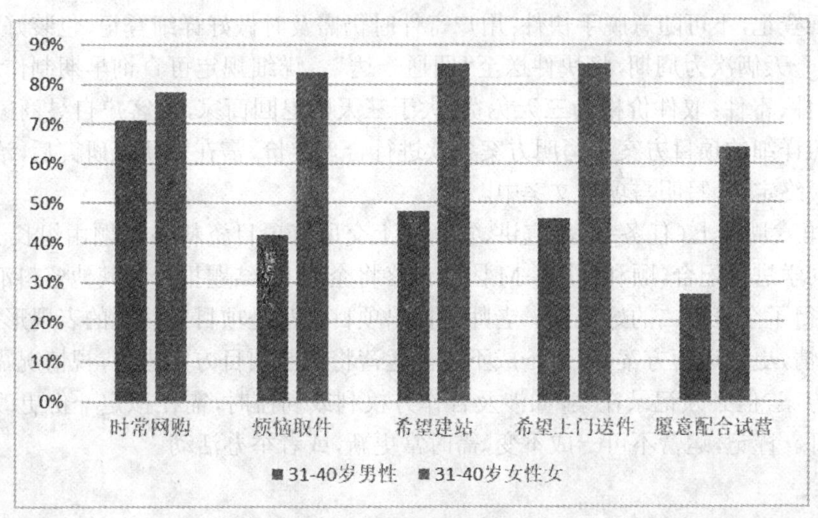

图 3-11　社区市民需要驿站比例

由以上调研结果可知，绝大多数社区市民是需要菜鸟驿站；而 19~30 岁女性对于驿站的构建十分看重。经过团队讨论、分析和研究，确定在村口居民点建设一个菜鸟驿站。

(7)第四周课上(任务:阶段性成果汇报)：A 担任本次 M 团队的宣讲人，自信的向同学们讲解上一周的调查成果。并讲解下周的计划。老师提醒阿尔法小组接下来要进行谈判的相关知识的学习。

(8)第四周课后至第五周课前(任务:实践基础准备)：①加盟合作：M 团队需要加盟菜鸟驿站，寻找合作方，以依靠合作方成熟的相关技术。②洽谈：当文案方面准备好后，M 团队需要就选点时间与合作方面对面详细谈判，或者是说推荐自己的团队。团队派了 2 名成员讲解菜鸟驿站的运行模式和优势。谈判时，给予合作方文案，双方共签订 2 份合作意向书，一份归于合作方保管，一份归于己方保管，方便项目后期，如有更改双方协商解决的依据。③如何租赁：洽谈租赁需按照项目前期规划进行，详细应写明与项目文案中财务管理部分。首先需要合理选择地理位置，进行调研，初步决定，再选择与出租方协商，需携带店面租赁合同。④租金协商：租金协商需当面说明，并写于店面租赁合同中，双方不得随意更改租金协议。租金不可随意报价，实施项目各个铺面约需 60~120 ㎡，全国租金约 20~35 元 / 平方米每月。

(9)第五周课上(任务:汇报创业企划书撰写进展)：本周课的宣讲者为 C，他将店面租赁和合作意向书展示给老师和同学们。老师和同学们给出的意见是，你们的成本预算是否在控制范围内。老师提醒，再下一周便是整个项目的结题阶段，企划书必须完成，同时，结题报告和结题答辩的准备也要完成。时间上的紧迫让 M 团队感到压力倍增。

(10)第五周课后至第六周课前(任务:项目详细运营业务)：这一周，M 团队考虑了一下方案①如何揽件：M 团队按照合作意向书上写明方案条款进行，在每天规定时间从规定的合作方仓库登记出库物件，运送至驿站登记入库。②如何定价：揽件价格将按照合作意向书上写明方案条款进行合理定价，需在调研表研究后，洽谈合作前就要了解并最终定价，写明与合作意向书中。现在普遍揽件收取价格为八毛一件，此价格为快件暂存费加上快件费和其他一切费用的总和，由快递公司算入利润给予己方收益中。③送件、取件、寄件：送件、取件、寄件需按照项目前期规划进行，详细应写明与项目文案中，送件员需牢记准则，送件可提前记录用户住址及在家时间，以方便送件准确性。送件需准时，送货员不可外泄物件信息或用户信息；取件应及时做好详细登记，不可随意脱手快件；用户寄件时仍需及时做好详细登记，包装好快件，不得随意放置，以一天俩次为周期，将快件送至“四通一达”。详细规定可查询早期制作的项目文案。④定价、取件、寄件：取件价格为三天免费，大于三天则退回商家，需客户自寻商家协商。送件价格将按照详细的项目方案上写明方案条款进行合理定价，需在调研表研究后，洽谈合作前就要了解并最终定价，写明与项目文案中。

(11)第六周课上(任务:结题宣讲、答辩并上交所有项目资料)：结题由组长 A 负责宣讲，小组全体同学进行配合，顺利结题。M 团队最终将企划书、结题报告和其他资料汇总发给老师存档，并获得了全班第二的好成绩。老师还提出项目运营是项目实践化的表现形式，需仔细对待，根据实情，更新运营方案，不可一成不变。运营将按照项目方案进行，视情况需及时或提前改变运营方案，但必须记录在案，如涉及合作方权利或利益时，需在拟定一份更改方案与合作方协商签订。谨记，运营不可一成不变，需时常更新，或者举办活动。

<table>
<tr><td colspan="3">第一周课前有话：
1. 如何确定项目目标？
2. 如何管理好项目小队？
3. 如何项目分工？
4. 什么是调研表？
5. 为何要先进行调研，有什么作用？
本周需要关注的能力点：与人合作能力、与人交流能力、自我学习能力。</td></tr>
<tr><td>实施步骤</td><td>主要内容</td><td>教师评价</td></tr>
<tr><td>项目选题</td><td>1. 项目结题标准是什么？

2. 本组的项目名称是？

3. 本组为什么要选择这个项目名称？

4. 这个项目具有哪些意义？</td><td></td></tr>
<tr><td>资源收集</td><td>1. 项目需要哪些文件？

2. 各文件的作用是什么？

3. 本组可以去哪里学习有关文件知识？</td><td></td></tr>
</table>

续表

<table>
<tr><th>实施步骤</th><th>主要内容</th><th>教师评价</th></tr>
<tr><td>集中研讨会</td><td>1. 如何进行项目分工？

2. 这个分工责任有什么？

3. 调研表对项目有什么意义？

4. 如何制作调研表？</td><td></td></tr>
<tr><td>调研表</td><td>小知识
调研表模板：
<table><tr><td>团队名称</td><td></td><td>调研时间</td><td></td></tr><tr><td>团队性质</td><td></td><td>调研人员</td><td></td></tr><tr><td>所属行业（类别）</td><td></td><td>负责人</td><td></td></tr><tr><td colspan="4">1. 您的性别：
□男□女
2. 您的年龄段：
□ 18 岁以下□ 19-30 岁□ 31-40 岁
□ 41-50 岁□ 51 岁以上
3. 您曾经的职业：
□农民□自由工作者□公司职员□其他
4. 婚姻状况：
□有配偶□离异□单身
5. 请问您居住于什么地段：
□某小区□普通居民户□某机构社区
6. 请问您的经济状况：
□ 1 万以上□ 1 万 -5 001 □ 5 000-3 001 □ 3 000 以下
7. 请问您是否时常网购：
□是□不是
8. 请问您希望有快递员送至上门：
□是□不是
9. 请问您需要自己居住区旁有个管理快件的驿站：
□需要□不需要
10. 请问您希望快件何时送至您家：
□上午□中午□下午□晚上</td></tr></table></td><td></td></tr>
</table>

续表

<table>
<tr><th>实施步骤</th><th>主要内容</th><th>教师评价</th></tr>
<tr><td>调研表</td><td>续表

11. 请问您希望与快递员如何联系(可多选)
□电话□信息□ QQ □微信□钉钉
□其他 ________
12. 请问您驿站地理位置如何要求:
□位于服务区中心位置服务器区门口商业街、主人流通道
□位于服务区边缘位置服务区门口商业街、主人流通道
□位于服务区中心位置室内负一楼
□位于服务区中心位置服务区内即可
□其他 ________
13. 请问您希望每个驿站服务范围多大:
□路程 300 米 -500 米范围且站点之间不重叠
□路程 500 米 -600 米范围且站点之间不重叠
□路程 600 米 -700 米范围且站点之间不重叠
□没有距离限制,随便都可以
14. 请问您希望驿站装修类型如何:
□ B1 标准□ B2 标准□ C1 标准□ C2 标准
15. 您还有什么要求可写于下方:

图 3-12　调研表模板

根据自己项目,请在下方写明调研表内容:</td><td></td></tr>
<tr><td colspan="3">第二周课前有话:
1. 什么是租赁合同?
2. 租赁合同有什么作用?
3. 需要掌握哪些知识?
4. 准备阶段性汇报。
本周需要关注的能力点:自我学习能力、汇报能力。</td></tr>
<tr><td>集中讨论</td><td>1. 什么是租赁合同?

2. 租赁合同在项目中的作用?

3. 如何制作租赁合同?</td><td></td></tr>
</table>

续表

实施步骤	主要内容	教师评价
资源收集	1. 租赁合同书写规格是怎样的？ 2. 租赁合同有关法律有哪些？ 3. 当地市场租房价格情况如何？	
租赁合同	**小知识** 租赁合同模板： 租赁合同 甲方：出租方 乙方：团队名 甲方将 XXXXXX 铺面出租给乙方经营使用，经双方共同协商，特订立本合同，以便共同遵守。 一、甲方将 XXXXXX 铺面出租给乙方作为经营使用，租期为 XX 年，从 XXXX 年 XX 月 XX 日至 XXXX 年 XX 月 XX 日止。 二、每月租金为 XXXXX 元整，租金按每季度支付。 三、租赁期间，水费、电费、物业管理费，工商、税收、卫生等一切费用由乙方缴纳。 四、乙方应如期交付租金，如乙方未经甲方同意逾期未交付，甲方有权要求乙方按月租金的 10% 支付违约金。。 五、如甲方违约提前收回该铺面，甲方须赔偿乙方的装修费用及经营损失。 六、租赁期间，乙方如需装修在不影响整体结构和外观的前提下，甲方必须配合乙方的装修工作，各种费用由乙方支付。 七、乙方租赁期满，如需续租，乙方应在合同到期前一个月向甲方告知，在同等条件下，乙方享有优先权。 八、本合同签订之前该铺面的一切债务由甲方自行负责，本合同签订之后该铺面因经营生产的一切债务由乙方负责。 九、本合同未尽事宜，甲、乙双方可以另行补充协议，补充协议是本合同不可分割的部分，与本合同具有同等法律效力。 本合同一式俩份，甲、乙双方各执一份，从签字之日起生效执行。 甲 方：出租方 乙 方：团队名 年 月 日 **图 3-13 租赁合同模板** 根据自己项目，请在下方写明租赁合同内容：	

续表

<table>
<tr><th>实施步骤</th><th>主要内容</th><th>教师评价</th></tr>
<tr><td>准备阶段性汇报</td><td>1. 如何推选小组演讲者？
2. 演讲者要求有哪些？
3. 需要准备哪些文案？
4. 演讲展现 PPT 有什么要求？</td><td></td></tr>
<tr><td colspan="3">第三周课前有话：
1. 汇报时出现什么问题？
2. 什么是合作意向书？
3. 合作意向书有什么作用？
4. 需要掌握哪些知识？
5. 了解劳务合同。
本周需要关注的能力点：自我学习能力、与人交流能力。</td></tr>
<tr><td>演讲汇总</td><td>1. 汇报时出现什么问题？
2. 项目展现有什么不足？
3. 老师有什么建议？</td><td></td></tr>
<tr><td>集中讨论</td><td>1. 什么是合作意向书？
2. 合作意向书在项目中的作用？
3. 如何制作合作意向书？</td><td></td></tr>
</table>

续表

<table>
<tr><th>实施步骤</th><th>主要内容</th><th>教师评价</th></tr>
<tr><td>资源收集</td><td>1. 合作意向书书写规格是怎样的？

2. 合作意向书内容有哪些？

3. 如何和合作方谈判？

4. 谈判需要什么？</td><td></td></tr>
<tr><td>合作意向书</td><td>小知识
谈判准备：
● 最优定位
● 目标定位
● 撤出定位
谈判步骤：
● 营造出色的第一印象
● 问一个好问题
● 倾听
● 解读肢体语言
谈判策略：
● 高权威策略：在回绝对方要求时，可以把责任推到其他人身上。比如说：我本来很愿意答应您的，但是我们的委员会不同意签字，除非您向我们做出其他方面的补偿。在使用这种高权威策略时，记住一定不能出现公司中具体的某个人名，最好是一组决策者。
● 红白脸策略：与前面一个策略类似，就是两个人一个唱红脸一个唱白脸，来使对方妥协，在审讯时经常用到这招。
● 三种选择策略：也是比较常见的一种，给对方提供三种选择，把最昂贵的放在第一项（先将对方的定价锚定在一个比较高的价位），然后提出一个相对便宜的方案，第三个虽然更加便宜，但服务不够完整，缺少选择空间。这样，对方就很容易选择我们设定好的第二项方案了。
切记把个人感情和谈判事项分离开来，对事不对人。谈判的唯一指导思想，就是己方的目标和利益。</td><td></td></tr>
</table>

续表

实施步骤	主要内容	教师评价
合作意向书	合作意向书模板： **合作意向书** 甲方：某快递乙方：团队名 双方就智慧物流分拨中心的建设与运营项目的合作事宜，经过初步协商，达成如下合作意向： 一、同意就智慧物流分拨中心的建设与运营项目开展合作研究开发。 二、本协议具有法律效应，自签订时生效；任何协议方案需签订前商议决定，签订后不可更改协议书；协议失效后，双方应在规定时间内，各自撤销己方在合作方的一切业务，并归回合作方一切物品及资料。 三、前期工作由甲乙双方遵守国家法律给定，各自负责。 甲方应做好以下工作： a）甲方提供乙方所需快件，配合乙方揽件； b）甲方就揽件、寄件方面，需做好揽件登记； c）甲方应积极配合乙方营业更新，但仍保留最终决定权； d）甲方给予乙方合理价格，不得随意更改； e）甲方以年分红形式给予乙方应有金额； f）甲方应积极审核乙方经营情况； g）甲方不得侵犯乙方私有版权； 乙方应做好以下工作： a）乙方应积极配合甲方快件出库登记； b）乙方应做好揽件、客户取件、送件、寄件等营业登记； c）乙方应就每个快件负法律责任； d）乙方就各项登记以一星期为周期，拟定报告交于甲方审核； e）乙方应积极完成项目各项方案； f）乙方就更新营业模式，需拟定方案与甲方协议后实行； g）乙方不得有违法违规行为；； h）乙方不得侵犯甲方私有版权； 四、在甲乙双方完成前期工作基础上，双方商定 XXXX 年 XX 月 XX 日签订正式合同。 五、本意向书是双方合作的基础。甲乙双方的具体合作内容以双方的正式合同为准。 甲　方：某快递　　　　乙　方：团队名 代表人：XXX　　　　代表人：XXX 年　月　日 **图 3-14　合作意向书模板** 根据自己项目，请在下方写明合作意向书内容：	

续表

<table>
<tr><th>实施步骤</th><th>主要内容</th><th>教师评价</th></tr>
<tr><td>知识准备</td><td>1. 劳务合同有关法律有哪些？

2. 劳务合同有哪些具体内容？

3. 当前有关劳务政策有什么政策？

4. 本地平均基础工资多少？</td><td></td></tr>
<tr><td colspan="3">第四周课前有话：
1. 什么是劳务合同？
2. 劳务合同有什么作用？
3. 什么是安全协议书？
4. 安全协议书有什么作用
5. 需要掌握哪些知识？
本周需要关注的能力点：与人交流能力、自我学习能力。</td></tr>
<tr><td>汇总讨论</td><td>1. 什么是劳务协议书？

2. 劳务协议书在项目中有什么作用？

3. 如何制作劳务协议书？</td><td></td></tr>
<tr><td>集中讨论</td><td>1. 什么是安全协议书？

2. 安全协议书在项目中的作用？

3. 如何制作安全协议书？</td><td></td></tr>
</table>

续表

<table>
<tr><th>实施步骤</th><th>主要内容</th><th>教师评价</th></tr>
<tr><td>资源收集</td><td>1. 安全协议书书写规格是怎样的？

2. 合作意向书内容有哪些？

3. 有关安全协议书法律有哪些？

4. 有关项目对象安全问题有哪些？</td><td></td></tr>
<tr><td>安全协议书</td><td>小知识
安全协议书模板：

快件寄递安全协议书

甲方：
乙方：
为了确保客户用快件寄递安全，营造安全和谐的社会环境，根据《中华人民共和国邮政法》及国家邮政管理局制定的《寄递服务企业收寄物品安全管理规定（试行）》和国家安全部门的有关要求。经双方协商，订立如下协议。
一、甲乙双方共同遵守《中华人民共和国邮政法》及《邮政行业安全监督管理办法》，《寄递服务企业收寄物品安全管理规定》，《禁寄物品指导目录及处理办法》中邮件寄递的规定。
二、乙方交寄邮件应当遵守国家关于禁止寄递或限制寄递物品的规定，不得通过寄递渠道危害国家安全，公共安全和公民，法人，其他组织的合法权益。
三、乙方承诺在自行封装的物品中不含一下物品：
（一）各类武器，弹药，如枪支、子弹、炮弹、手榴弹等；
（二）各类爆炸性物品，如雷管，弹药等；
（三）各类燃烧性物品，包括液体、气体和固体，如汽油、酒精、生漆、气雾剂、气体打火机等；
（四）各类腐蚀性物品，如火硫酸、盐酸、硝酸、危险化学品等；
（五）各类烈性毒药，如砒霜；
（六）各类麻醉药物，如鸦片、大麻、冰毒等；
（七）各类生化制品和传染性物品；
（八）各类危害国家安全和社会政治稳定的印制品；
（九）各类妨碍公共卫生的物品；
（十）国家法律，法规，行政规章明令禁止流通，寄递或进出境的物品；</td><td></td></tr>
</table>

续表

实施步骤	主要内容	教师评价
安全协议书	续表 （十一）包装不妥，可能危害人身安全，污染或者损毁其他寄递件，设备的物品等； （十二）其他禁止寄递的物品。 四、乙方如实填写寄递详情单，包括寄件人，收件人名址和寄递物品的名称，类别，数量等，甲方应该核对寄件人和收件人的信息，准确注明邮件的重量和资费。 五、甲方有权要求乙方当面检视交寄物品，检查是否属于国家禁止或限制寄递的物品，以及物品的名称，类别，数量等是否与寄递详情单所填写的内容一致。一招国家规定需乙方提供有关书面凭证，乙方有义务提供凭证原件，甲方核对无误后，予以收寄。 六、乙方拒绝验视，据不如实填写寄递详情单，据不提供书面凭证的，甲方可以拒绝收寄。 七、甲方在已经收寄的邮件中发现有上述物品，依据《禁寄物品指导目录及处理办法》处理，可以停止转发和投递，对其中依法需要没收或者销毁的物品，有权立即向有关部门报告，并配合有关部门处理。 八、对已经收寄的不需要没收，销毁的禁寄物品以及疑问查处的禁寄物品之外的物品，甲方联系乙方妥善处理。 九、乙方违反规定寄递国家规定的禁寄物品，违法邮寄国家禁止出境或限制出境的物品，被国家有关部门查处的，由乙方承担相应的法律责任，由此甲方或者公民，法人及其他组织造成损害的，由乙方依法承担赔偿责任。 十、本协议经双方签字之日起生效。 十一、本协议一式二份，甲乙双方一份。 甲方：　　　　乙方： 单位代表：　　　　单位代表： 单位盖章：　　　　单位盖章： 图 3-15　安全协议书模板 根据自己项目，请在下方写明安全协议书内容：	

<table>
<tr><td colspan="3">第五周课前有话：
1. 如何制作快递收费表？
2. 快递收费表有什么作用？
3. 需要掌握哪些知识？
5. 结题报告如何撰写？
6. 是否将所有所需的材料都一一准备妥当？
本周需要关注的能力点：自我学习能力、与人交流能力。</td></tr>
<tr><td>实施步骤</td><td>主要内容</td><td>教师评价</td></tr>
<tr><td>集中讨论</td><td>1. 劳务协议书在项目中有什么作用？
2. 如何制作快递收费表？
3. 快递收费表备注有哪些？</td><td></td></tr>
<tr><td>资源收集</td><td>1. 快递收费表规格是怎样的？
2. 市场快件价格情况如何？
3. 快件类型有哪些？
4. 国家快件价格相关标准有哪些？</td><td></td></tr>
</table>

续表

实施步骤	主要内容	教师评价
快递收费表	小知识：快递收费表及备注模板（见下表 3-2、表 3-3）	

小知识

快递收费表及备注模板：

表 3-2 送件收费表模板

	≤ 1.2 kg	1.3~10.2 kg	≥ 10.3 kg
≤ 300 m	1 元 /kg	1.5 元 /kg	3 元 /kg
301~500 m	1 元 /kg	1.5 元 /kg	2 元 /kg
≥ 501 m	1 元 /kg	1.5 元 /kg	5 元 /kg

0.3 kg 进位为整数 kg，0.2 kg 的不计。比如：1.3 kg 的，按 2 kg 计算；4.2 kg 的按 4 kg 计算。距离则至计算水平长度，不计垂直长度。

表 3-3 寄件收费表模板

序号	到达地	首重单价（1 kg 以内）	续重单价（2~9 kg）	10 kg 以上	备注
		kg/ 元	kg/ 元	kg/ 元	
1	广东	4.8	0.8	0.8	0.3 kg 进位为整数，0.2 kg 不计。比如 1.3 kg，按 2 kg 计算，1.2 kg 按 1 kg 计算
2	上海	4.8	2.4	2.4	同上
3	浙江	4.8	2.4	2.4	同上
4	江苏	4.8	2.4	2.4	同上
5	山东	8	4.8	4.8	同上
6	河北	8	4.8	4.8	同上
7	四川	8	4.8	4.8	同上
8	重庆	8	4.8	4.8	同上
9	北京	6.4	3.2	3.2	同上
10	甘肃	12	9.6	9.6	同上
11	青海	12	9.6	9.6	同上
12	宁夏	12	9.6	9.6	同上
13	内蒙古	12	9.6	9.6	同上
15	新疆	14.4	12.8	12.8	同上
16	西藏	16	14.4	14.4	同上

续表

<table>
<tr><th>实施步骤</th><th>主要内容</th><th>教师评价</th></tr>
<tr><td>快递收费表</td><td>

表 3-4 上门服务收费表模板

	≤ 1.2 kg	1.3~10.2 kg	≥ 10.3 kg
≤ 300 m	免费	1 元	1 元
301~500 m	免费	1 元	2 元
≥ 501 m	免费	1 元	3 元

上表所提“免费”不包括快递费单价，只是表示上门取件无需加价。加价表价格单位均为“每件”，如：2 个 1.4 kg 快件上门取件寄件价格为快递费价格加上服务费 2 元。
根据自己项目，请在下方写明劳务合同内容：

</td><td></td></tr>
<tr><td>路演准备</td><td>1. 路演要求有哪些？

2. 路演展现 PPT 要求有哪些？

3. 演讲者要求有哪些？

4. 阶段性汇总有哪些经验？

5. 路演可能出现什么问题？该如何解决？</td><td></td></tr>
<tr><td colspan="3">第六周 课前有话：
1. 总结路演过程。
2. 整理资料。
3. 完成 100 字个人项目报告。
4. 结课。
本周需要关注的能力点：自我学习能力、与人交流能力。</td></tr>
</table>

续表

实施步骤	主要内容	教师评价
集中讨论	路演经验总结:	
整理资料	本次项目文案: (1)项目 Word 一份 (2)项目展现 PPT 一份 (3)调查表一份 (4)租赁合同一份 (5)合作意向书一份 (6)劳务合同一份 (7)安全协议书一份 (8)快递收费表一份 (9)个人项目报告一份(100 字左右,当场写完)	

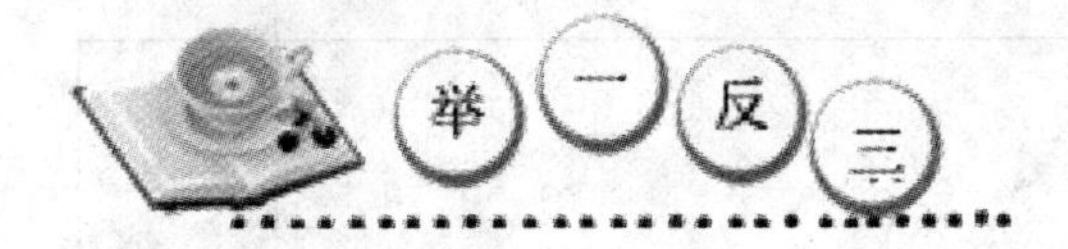

请学有余力的小组完成以下职业关键能力训练项目:

校园安全智慧化中 XX 项目:

① 校园安全智慧化有哪些部分?

② 校园安全智慧化实施中遇到些什么问题?

③ 选择哪个问题,如何解决它?

例子:某校对于校园安全性想建设整套校园安防系统,对此我们可以针对校园各环境情况研究和实践。(……调研→整理→设计→实践→……)

按照以上话题材料,寻找城市化建设中的一个角度,采取职业关键能力的训练方法和最终要求,进行此次项目实践。

学有余力的同学，还可以选修以下课程：

名称	作者	出版社	ISBN	图书图片
《电子商务应用与传统物流企业转型》	刘璞	南开大学出版社	978-7-310-04536-5	
《智能物流》	张赫、孙家庆	中国物资出版社	978-7-504-73632-1	
《GIS 与 GPS 导论》	赵鹏祥、李卫忠	西北农业科技大学出版社	7810921061	

项目四　汽车服务行业中小型商家网上业务推广

汽车已经成为人们日常生活中使用最频繁的交通工具，拥有私家车的人群覆盖率越来越广，相应的汽车服务行业也发展起来了，中小型汽车服务商家随处可见。这类商家因规模不大，没有较强的、成熟的运营机制，往往经营状态好坏不一。这时，商家自身经验的弊端便显现出来了。你作为一名在校生，运用所学专业知识，通过信息化方式方法，帮助这类商家进行业务推广，提高业务流量、帮助商家发展。

在之前项目学习锻炼的基础上，此项目将从学校走进社会，进行实践学习。同时，两组或更多组，通过同时进行本实践项目，开展团队与团队之间的对抗比赛，既是检查前面项目的学习效果，也是模拟真实职业的竞争环境。

通过本项目，同学们需要达到 7 个目标，其中 3 个重点目标，4 个基础目标。

三个重点目标如图 4-1 所示。

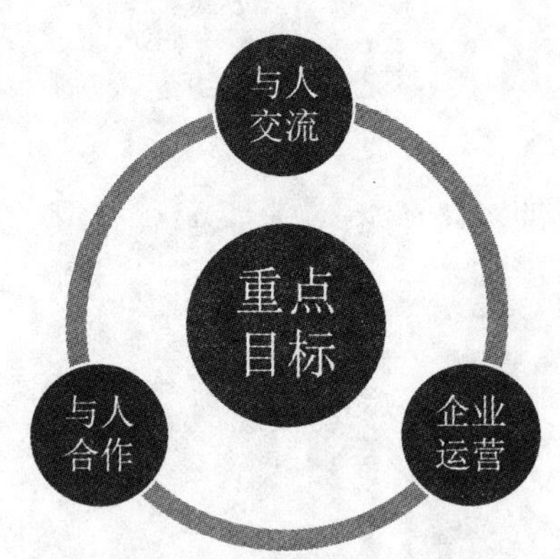

图 4-1　重点学习目标

● 与人交流：①敢于同陌生商家沟通并准确表达自己的观点。②能够准确把握对方所要表达的观点。③能够利用图表、PPT 等阐述自己的观点。④学会撰写会议纪要。⑤能够观察交谈中对方的反应，并懂得准确把握对方需求。

● 与人合作：①学会如何组建团队，并使得团队能形成合力。②学会激励团队中的队友，并化解团队矛盾。③学会与合作伙伴化解分歧，达成共识，给对方留下良好印象。④学会谈判技巧，并能合理的提出异议。

● 企业运营:①能通过和商家沟通交流了解企业基本运营。②能在帮助企业网上推广业务过程中学习企业发展策略方法。

四个基础学习目标如图 4-2 所示。

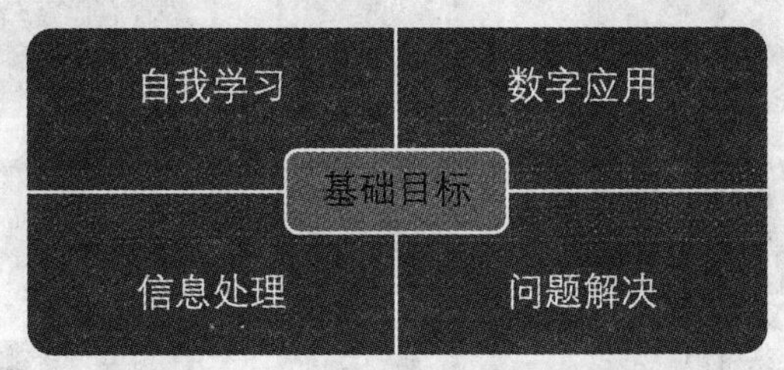

图 4-2　基础学习目标

● 自我学习:①学会如何去查找你所需要的信息。②学会如何制订学习目标和学习计划,绘制学习计划表。③学会进行自我评估,并能客观分析自己的进步。④学会统筹安排自己的时间。

● 数字应用:①能够学会以各种方法获取所需数据。②能从数据中读懂背后的含义。③能够绘制图表。④能使用办公软件中的公式计算⑤能够对结果进行归纳总结。

● 信息处理:①能够处理冗长的信息。②能进行信息分类、归纳。③能通过非语言文字渠道获取信息。④具备多类信息的综合能力。

● 问题解决:①能从结果上总结工作中的得失。②能不断反思总结自己的工作方法并加以改进。

此外,你还能从中学会企业发展过程中如何面对竞争对手的压力,如何发展壮大业务工作,为今后在就业、工作中遇到类似情况打下基础。

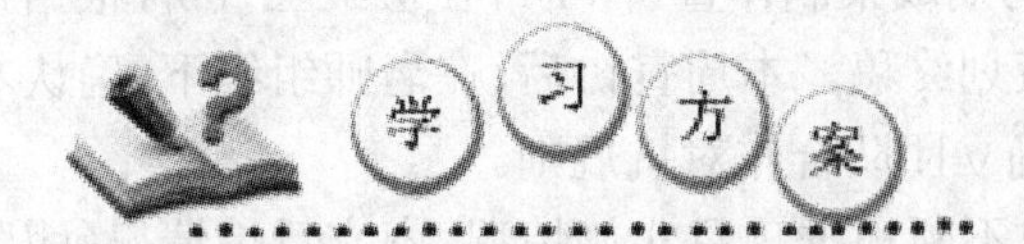

1. 团队合作对抗项目基本流程(图 4–3)

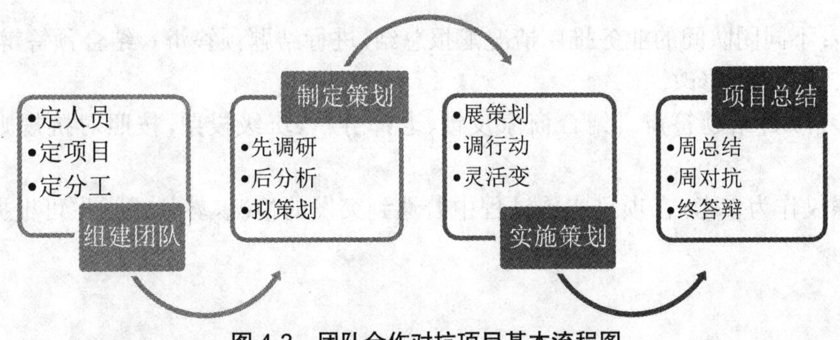

图 4-3　团队合作对抗项目基本流程图

2. 本项目训练流程简述

参考团队合作对抗项目基本流程,本项目是“汽车服务行业中小型商家网上业务推广”,可以参照图 4-4 步骤进行开展。

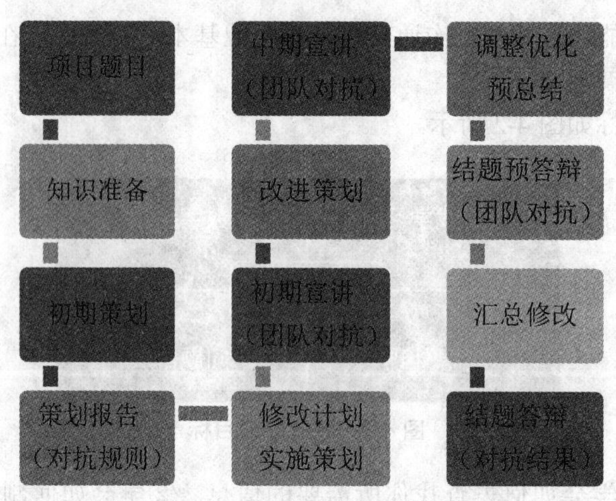

图 4-4 本项目训练流程简述

详细流程如下:

第一步:实践小组首先明确项目的具体题目,如"E 洗车行在 xx 网的洗车业务推广""M 汽车饰品店在 xx APP 上的销售策划"和"K 汽车维修保养公司保养服务的在 xx 网上的分类推广",并寻找此类商家,沟通合作,帮助其进行业务推广或解决推广销售过程中所遇困难。

第二步:按照具体题目进行知识准备,例如汽车日常使用知识、网上业务推广技巧、某地区同类别行业现状调研等。

第三步:根据现场和不同商家对接大概情况及自身掌握分析情况,选定目标商家,沟通对接交流,分析商家的业务现状、发展规划,根据商家的具体情况,形成业务推广项目的初期策划。

第四步:以初期策划为蓝本,将项目进展和初期成果制作宣讲 PPT,在班级上宣讲,根据宣讲情况再次进行计划修改,最终形成业务推广策划终稿。本周宣讲后,在老师组织下,确认本项目本组最终目标,结合本项目不同组的目标,确立团队合作对抗规则。

第五步:按策划开始推广,在三四周时间内,不断根据项目实施情况、商家反馈情况、团队或课堂讨论情况及时改进项目策划。每周的课堂宣讲,均需结合对抗规则进行进度记录和下周计划。

第六步:不同团队间的业务推广情况汇报总结,进行结题预答辩。结合预答辩情况,汇总材料、意见、不足进行修改。

第七步:项目结题答辩。结合商家反馈、老师分析、班级投票,按照对抗规则确认对抗胜负。

本步骤仅作为参考,在项目实施过程中若遇到突发的情况,教师或学生可根据情况进行调整。

1. **情景导入**

图 4-5 情景导入

在本项目中，学生将扮演其中某一个团队的成员，不同团队之间对抗竞争，通过这种现实中团队协作、团队竞争情景的模拟，锻炼同学们在面对新任务、新对手的情况下自己的职业素养和能力。

2. **对抗规则**

对抗团队确认：老师将全班同学分组完毕后，给出不同的项目类型题目，选择同类题目的团队，即为对抗团队。

对抗规则拟定：对抗规则需根据实际选题，结合不同团队的思考、老师的建议拟定，此规则需要所有成员认可。

以本项目为例，假设本项目对抗团队有 2 组，全班还有其他 6 个的不同团队；本项目需 6 周完成，第 1 周确认团队、项目，2~6 周项目实施、结题且均需要课堂报告、宣讲、答辩。对抗规则可设定如下：

- 本项目满分 60，2~6 周每周均有对应分数；
- 2~5 周，每周满分 10 分，分数表示每周的项目实施、课堂汇报等综合表现。
- 第 6 周，满分 20 分，分数表示项目整体实施情况、结题答辩情况等。
- 每周分数确定：其他 6 组的建议分和老师的修订分相结合确定每周分数。
- 建议分：其他 6 组各自给出建议分，去掉一个最高分、一个最低分，剩余分数的平均分数即为建议分。

● 修订分：老师可对建议分进行修订，在建议分的基础上加分或减分。修订分最高分值为该周满分的1/5，即2~5周的修订分最高是2分，6周的修订分最高为4分。

3. 成果要求

表4-1　学生需提交材料列表

所需材料名称	数量	备注
业务推广策划书	1份	
策划实施情况分析	1份	
对抗项目策划书	1份	模板详见附录3
项目结题报告	1份	模板详见附录1
结题汇报PPT	1份	
汇报录像	1份	
佐证材料（图片、调查表等）	不限	
完成本项目任务实施部分	所有要求填写的内容	

项目结题报告

项目名称：E洗车行在xx网的洗车业务推广
项目编号：zy100012
组长姓名：张XX
班　　级：软件与信息服务1802班
组长手机：134xxxxxxxx
组员姓名：王山　赵丽　钱子良　韩军州
指导教师姓名：李远
项目期限：20xx年5月10日-20xx年6月10日
填表日期：20xx年6月7日

E洗车行在xx网的洗车业务推广
项目策划书

组长姓名：张XX
组长手机：134xxxxxxxx
组员姓名：王山　赵丽　钱子良　韩军州
指导教师姓名：李远
项目期限：20xx年5月10日-20xx年6月10日
填表日期：20xx年6月7日

图4-6　项目需完成的报告

4. 知识准备

知识点1：服务相关知识

无论是团队和商家交流、为商家服务，还是商家为客户服务，都是作为提供服务的一方，因此，需要对服务的相关知识有所认识。有两个基本点很重要：

● 什么是服务。服务是为顾客所面临的问题提供解决方案或帮助解决的一个过程。提供服务不单是看结果，还有服务的过程。

● 怎么服务。服务的开展是需要在与客户的沟通交流中进行的，是一个需要互动的过程。客户提出目的，我们提供方案；客户提出问题，我们解决问题，修改方案。同时，如第一条所说，解决问题很重要，互动过程也是服务内容，同样重要。

此外还有很多知识，如：服务的营销、顾客的体验感、服务的面向对象、服务的设计与推广、服务的竞争力、服务的文化、客户关系管理等，需要在本项目的开展前有所了解，以更好的与商家沟通、合作，更好的服务商家和商家的客户。

知识点 2：网上业务推广知识准备

本项目是网上业务推广，此种推广方式的相关基础知识需要了解，因为和实体店或者线下推广有很大不同，大数据时代的消费者的习惯、心理都不同。在当下消费生活中，网络消费十分普遍，利用好业务的网上推广对商家的整体业务发展十分有效。

5. 参考案例

为便于教师和学生理解本项目的实践流程，请认真阅读本案例。

案例项目：某洗车行在 xx 网上的服务推广

项目简介：某洗车行的业务一直不温不火，商家想通过不同的方式改进，提高业务流量，增长公司效益。此时，某学生团队正在进行实践项目学习，需要与商家合作，协助商家推广业务，以此实践项目促进理论学习。

项目参与小组：软件与信息服务 1802 班 AR 小组和 VR 小组

项目指导老师：李老师

项目开展时间：第 19~24 周

项目开展流程简述（按行课周）：

（1）第一周课上（任务：团队组建、确认项目）：AR 小组由 5 位同学组成，这 5 位同学分属于不同寝室，彼此并不熟悉。在小组成立以后，选出张同学作为队长。张同学首先组织全组队员开了第一次会议，定下了全组的最高目标：帮助商家高质量地完成网上业务推广任务、职业关键能力项目结题报告，在与竞争团队的项目对抗中胜出；最低目标：帮助商家高质量地完成网上业务推广任务、职业关键能力项目结题报告，在与竞争团队的项目对抗中差距较小。与此同时，全组定下小组纪律十五条，规范会议、实践、分工方面的责任。VR 小组情况和 AR 小组情况类似，项目任务相同或类似，项目完成过程类似，细节方面各小组可根据自己特点开展。下文中将主要介绍 AR 小组的项目开展过程。

同时，李老师介绍了本次团队对抗项目的规则：每周课上记录、比较开展相同项目的两个团队的工作效率、效果；在结题时，通过商家的反馈来决定两个团队的综合竞争力，包括但不限于以下竞争能力：与人交流（队员间、客户间、对手间）、信息采集和处理、与人合作（对员、商家）、分析决策（如何选定的商家、客户）等等。如何展示商家的反馈，也作为体现综合竞争力的内容。

（2）第一周课后至第二周课前（任务：项目分析、知识准备与初期策划）：两天后，小组开展头脑风暴，通过这两天对于汽车服务行业网上服务推广的粗略认识，同学们开会分析项目所需的准备知识，并进行了学习分工：小 A、小 B 学习网上服务推广的基础知识；小 C 调研某地汽车服务中小型商家的现状并和商家对接、确认合作关系；小 D 作为临时秘书，汇总项材料，包括策划撰写、PPT的制作、会议纪要的撰写、结题报告的撰写等；而作为组长的张同学，则负责学习如何管理团队、制定计划、做出决策等。张同学规定，每位同学每天都必须在小组群中分享工作进展情况，并将自己觉得有助于项目发展的思考进行梳理，按照规定格式分享到工作群中。

经过3天的准备工作，张同学召集了一次项目集中会，会上小组中的每个同学都将自己所掌握的情况进行了总结报告，最终由临时秘书小D将会议纪要整理汇总，形成项目进展备忘录。张同学在会上规定，每一周开一次这样的集中会，以不断优化项目推进成果。同时，AR小组开始制定汽车服务业务网上推广策划，策划中写明了整个项目所需的时间、资源、分工、下一周具体实施阶段的步骤等。

第二次课前一天，AR小组完成项目初始策划，并准备好策划报告、PPT和相关资料，组长张同学指定临时秘书小D作为明天本组的发言人，宣讲本组的初始计划。

(3)第二周课上(任务：策划报告)：小D站上讲台进行初策划，可是由于准备工作不足，有很多没有考虑到的地方，在问答环节中，其余小组轮番的向小D宣讲过程中的策划漏洞和不合理之处发问，现场气氛比较激烈。

组长张同学不断记录其他小组提出的问题和整改意见，同时对小D没有回答上的问题进行了补充解释。老师也向AR小组提出了几点建议：首先，应该要调研小组要进行项目实践合作的目标商家的所有情况，而不能随意确定工作策划，因为本项目并没有具体的任务达成标准，小组需帮助商家提高业务流量，以此判定业务推广情况的优劣，团队合作对抗的比较；其次，AR小组的初始策划中，没有提出多个应急策略，这样会使得实施过程一旦遇到意外，便无法进行下去，时间便会耽搁了；最后，小组的策划撰写并不规范，格式仍有问题，只规定了一个大概的框架，却没有将计划细化到每一天，也没有规定每个阶段的时间节点，以及业务推广实际情况的分析优化预设，这样会使得整个小组没有紧迫感。

在老师的组织下，对抗团队讨论、确定对抗规则，并制订后面几周课堂安排计划。

(4)第二周课后至第三周课前(任务：修改策划、实施策划)：张同学召集小组成员开会，进行反思并按照老师和同学们的意见对项目实施计划进行了调整，小组重新思考与商家对接调研的情况，并将策划计划同商家一起讨论，并设想可能出现的意外情况准备好预案。第二天将调整后的策划发给老师审阅。老师审阅后，建议AR小组可进行实践尝试。

两天后，AR小组进行第一次实践，结合整理好的材料，将商家的服务对接到xx网上，将服务项目内容、价格等在网上进行宣传推广。

当天晚上，组长张同学结合实践遇到的种种情况，召集会议，会议上，同学们的士气较低，都认为这个项目较难，不知如何继续。经过张同学悉心开导，不断鼓励，小组同学觉得在努力去学习、实践尝试。在讨论分析遇到的各类问题后，张同学决定，将持续监测商家的业务流量，访问客户反馈，对接网上宣传内容和商家，结合几方综合情况，优化改进网上宣传内容、向商家具体服务提供建议，争取提高业务规模。

次日，AR小组进行新的调研学习，目标为网上销量较高的同类服务，他们详细研究分析讨论此类服务宣传的各方面内容、效果，整理后，重新排列整理商家服务信息的网上宣传。同时访问到商家消费的客户，寻找他们的反馈意见，并介绍网上宣传情况、收集建议。同时向商家反馈各类意见，共同改进。但遇到的客户答应配合他们做调查的人数极少，而且问卷收集上来之后，有很多不真实的情况。同时，商家对于小组的工作也不是十分重视。

再一次的挫折让 AR 小组感受到更大的挫败，小组成员的士气极低，组长张同学也没有很好的办法，便求助老师，老师让她将本周实践的失败经历进行总结，并在下一次课上进行宣讲。

（5）第三周课上（任务：初期宣讲）：因为上一周上台的失败，AR 小组的成员们均不愿意上台宣讲，组长张同学思考后决定，整理在进展过程中遇到的问题，在宣讲中将团队策划设想、实际所遇的情况一一说明，并诚恳的请求老师和同学给与帮助。

在各小组轮流提问环节，同学们向 AR 小组提出了很多宝贵的建议，例如让他们可以到宣传推广较好的商家去调研，再结合自己所选商家的情况优化方案。还有同学建议，AR 小组应该将网上宣传的实际情况以及效果和商家进行详细探讨，在服务和价格上进行研究，以吸引更多的客户。还可以将网上宣传的页面通过二维码在商家店面、客户间、网络上进行扩散。而老师的建议则是 AR 小组不用气馁，生意要做好当然很难，但生意要做好了成就感也很大，就需要大家齐心想办法，协调各方面。这些中肯的意见被 AR 小组一一记录。

同时，在对抗团队的报告时，记录、对比相互之间的优缺点。

（6）第三周课后至第四周课前（任务：改进策划）：经过第三周的课堂宣讲和交流，AR 小组找回了信心，他们开会过后，将实践策划进行了修改：小 A 定时维护网上宣传内容，并反馈给其他成员；小 B 和商家讨论制定优惠项目，在到店客户中宣传，并制定优惠条件发动客户传播宣传链接；小 C 收集线下客户的回访意见，并反馈给 A 同学；小 D 收集、整理、学习网络上关于线上推广宣传的资料，并及时将学习到的新想法反馈到团队集体讨论可行性。组长总的跟进各成员的情况，及时调整大家的信息，优化策划方案。

五天后，AR 小组通过一系列的优化、改进，结合商家的反馈，线上宣传取得了一定成果，业务量增长了一定的百分比，所有的优化措施、每天的实际数据经过汇总后制成了简单的报告和 PPT。

（7）第四周课上（任务：中期宣讲）：小 C 担任本次 AR 小组的宣讲人，自信的向同学们讲解上一周的调查成果。在宣讲过后，老师认为 AR 小组只是直接展示了数据，却没有将调查数据进行的整理和归纳，更没有形成业务推广工作与商家数据结果之间的关联性分析、结论。老师提醒 AR 小组接下来要进行分析，形成稳定的策划方案，并总结相关材料、成果，准备撰写分析报告、结题报告等材料，准备预答辩。同时，在对抗团队的报告时，记录、对比相互之间的优缺点。

（8）第四周课后至第五周课前（任务：调整优化、预总结）：这一周时间，每天定时汇总报告各个分工所负责的内容，讨论分析线上推广所起到的作用以及需要改进的地方。并结合每天分析的情况，逐日累积工作分析报告。同时汇总收集各分工材料，整理准备预答辩。

（9）第五周课上（任务：预答辩）：本周课的宣讲者为负责软件需求分析报告的小 C，他将分报告的第一版展示给老师和同学们，并将消费客户对服务、线上推广的反馈意见也一一罗列。老师和同学们给出的意见是，按照受访者的要求，再修改线上推广策略，观察商家业务每日整体情况，分析两者之间关联，形成分析报告第二版，然后再结合分析情况，撰写项目总结报告。老师提醒，再下一周便是整个项目的结题阶段，分析报告必须完成，同时，结题报告和结题答辩的准备也要完成。

同时，在对抗团队的报告时，记录、对比相互之间的优缺点和进度，结合时间，AR 小组感到压力倍增。

（10）第五周课后至第六周课前（任务：材料最终收集、整理分析报告、准备答辩）：这一周，AR 小组极为繁忙，小组开会过后决定，由张同学和小 D 负责结题报告、结题宣讲的准备，小 C 会同小 A、小 B 持续跟进线上推广任务，在结题报告前一天将线上推广工作和商家业务在这段时间的变化分析报告最终情况总结报给组长和小D，完成需求分析报告第二版的工作，两项工作齐头并进，要在最后一次课前一天完成。同时，组长整理商家对团队工作的反馈，并请所有组员查阅不漏、提出改进。

（11）第六周课上（任务：结题宣讲、答辩）：结题由组长张同学负责宣讲，小组全体同学进行配合，顺利结题。AR小组最终将业务进展和线上推广分析报告、结题报告和其他资料汇总发给老师存档。

结合最终的商家反馈报告、老师的意见、同学的投票，按照最初制定的团队对抗规则，AR小组胜过VR组，取得此次团队对抗项目的胜利。

<table>
<tr><td colspan="3">第一周课前有话：
1. 什么是汽车服务中小型商家的网上业务推广策划？
2. 撰写这种推广策划需要哪些准备知识？
3.《客户关系管理》能否帮助我们管理团队？
4. 为什么要强调思维模式的重要性？
本周需要关注的能力点：与人合作能力、与人交流能力、自我学习能力。</td></tr>
<tr><td>实施步骤</td><td>主要内容</td><td>教师评价</td></tr>
<tr><td>筹备会议</td><td>解决以下问题：
1. 什么是汽车服务中小型商家的网上业务推广策划？

2. 撰写这种推广策划需要哪些准备知识？

3. 撰写会议纪要可以起到什么作用？

4. 如何去分工学习准备知识？

5. 我们的目标是什么？

6. 最终会形成哪些可量化、可视化的成果展示？</td><td></td></tr>
</table>

续表

实施步骤	主要内容	教师评价
项目选题	1. 老师给出的项目介绍、规则是什么？ 2. 本组的项目名称是？	
预期意义	1. 为什么要选择这个项目名称？ 2. 这个项目具有哪些意义？ 3. 你预计项目能锻炼我们什么样的关键能力？	
资源准备	1. 除了书上提供的知识资源以外，我们还应该学习些什么？ 2. 可以去哪里学习上述知识？	
集中研讨会	1. 制定的项目计划是什么？ 2. 我们的项目分工是？ 3. 在这个实践项目中，我的职责（分工）是什么？ 4. 队友们的职责（分工）是什么？ 5. 这次项目中，我准备如何帮助队友们完成他们的任务？	

续表

<table>
<tr><th>实施步骤</th><th>主要内容</th><th>教师评价</th></tr>
<tr><td>集中研讨会</td><td>小知识
亲和图法：
亲和图法是将我们遇到的或者我们思考、讨论认为需要解决的困难、事实、猜想等用文字记录下来，然后根据它们之间的亲和关系分类组合，从复杂的问题中整理出关键部分，找出问题本质，从而寻找出解决问题的方法。亲和图法在解决复杂问题时，可以帮助将混乱的困难或现象重新整理，可以让问题更明确，更容易找出问题的关键点、本质。另外，亲和图法还可以促使有不同见解的人逐步统一对有争议问题的认识，促进团队精神培养。
亲和图法实施过程：
1. 确定一个问题或者一件事请；
2. 通过多种方式如头脑风暴、收集材料等整理相关疑问、困难；
3. 将每一个相关问题写在一张纸上；
4. 根据相似性或关联性将纸分类放一起，放一起的纸即有亲和关系；
5. 用一句话总结某一类纸上的问题，并放在这类纸最上面；
6. 重复 4、5 步骤，有了 5 组或更少组的纸张分类才可以停止；
7. 把分类好的纸放在一张桌子上，根据亲和关系排列位置。
8. 单独在一张纸上制作亲和图：根据亲和关系的分类大小，将小分类的问题写下，在周围画上边界，写下总结小分类的总结语言；大分类的边界又将小分类囊括在里面；以此类推，即为亲和图。 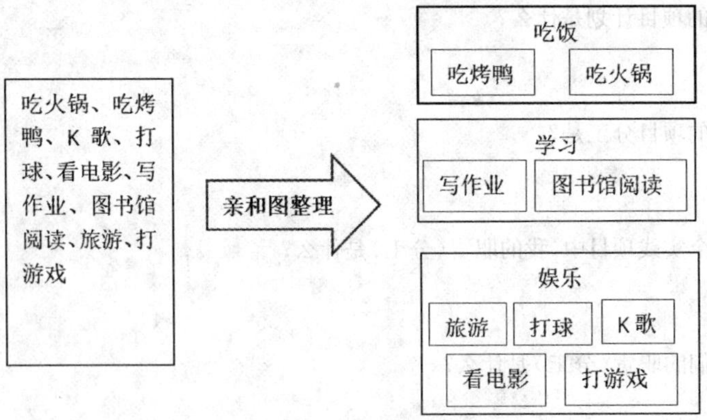

吃火锅、吃烤鸭、K 歌、打球、看电影、写作业、图书馆阅读、旅游、打游戏
亲和图整理
吃饭：吃烤鸭、吃火锅
学习：写作业、图书馆阅读
娱乐：旅游、打球、K 歌、看电影、打游戏

图 4-7 亲和图简单示例</td><td></td></tr>
<tr><td>会议纪要</td><td>请在此处附上会议纪要：</td><td></td></tr>
</table>

续表

<table>
<tr><th>实施步骤</th><th>主要内容</th><th>教师评价</th></tr>
<tr><td>编制计划表、进度表</td><td>1. 此项目的进度表、计划表应该如何绘制？

2. 除了进度表、计划表，我们还应该做些什么？</td><td></td></tr>
<tr><td>个人总结</td><td>1. 项目进行到目前这个阶段，我做了哪些工作？

2. 团队中我的分工内容完成情况如何？

3. 下一周，我有什么计划？</td><td></td></tr>
<tr><td>准备策划报告</td><td>1. 策划报告需要准备哪些内容？如何分工？

表 4-2　分工情况
<table><tr><th>负责人</th><th>内容</th><th>准备情况</th></tr><tr><td></td><td></td><td></td></tr><tr><td></td><td></td><td></td></tr><tr><td></td><td></td><td></td></tr><tr><td></td><td></td><td></td></tr><tr><td></td><td></td><td></td></tr></table>
2. 本组是以什么标准来选定宣讲人的？

3. 我们准备的组内激励规则有哪些？请罗列。</td><td></td></tr>
</table>

续表

<table>
<tr><th>实施步骤</th><th>主要内容</th><th>教师评价</th></tr>
<tr><td colspan="3">第二周课前有话：
1. 关于项目我们的团队策划你熟练掌握吗？
2. 当众演讲的礼仪你是否熟练？
3. 关键词：演讲技巧和礼仪。
本周需要关注的能力点：与人交流能力、信息处理能力、数字应用能力、问题解决能力。</td></tr>
<tr><td>策划报告</td><td>1. 策划报告需要注意哪些问题？

表 4-3　课堂报告准备
<table>
<tr><th>需准备项目</th><th>报告人如何准备</th><th>备注</th></tr>
<tr><td>衣着</td><td></td><td></td></tr>
<tr><td>目光</td><td></td><td></td></tr>
<tr><td>手势</td><td></td><td></td></tr>
<tr><td>礼节</td><td></td><td></td></tr>
<tr><td>讲稿（提词卡）</td><td></td><td></td></tr>
<tr><td>应变</td><td></td><td></td></tr>
</table>

2. 请将报告人的讲述逻辑用流程图表示：</td><td></td></tr>
</table>

续表

<table>
<tr><th>实施步骤</th><th>主要内容</th><th>教师评价</th></tr>
<tr><td>报告过程记录</td><td>
1. 同学们提出了哪些问题？
表 4-4　同学们的意见和建议记录表
<table>
<tr><th>同学们的意见和建议</th><th>本组的对应策略</th></tr>
<tr><td></td><td></td></tr>
<tr><td></td><td></td></tr>
<tr><td></td><td></td></tr>
<tr><td></td><td></td></tr>
<tr><td></td><td></td></tr>
</table>
2. 老师提出了哪些问题？
表 4-5　老师的意见和建议记录表
<table>
<tr><th>老师的意见和建议</th><th>本组的对应策略</th></tr>
<tr><td></td><td></td></tr>
<tr><td></td><td></td></tr>
<tr><td></td><td></td></tr>
<tr><td></td><td></td></tr>
<tr><td></td><td></td></tr>
</table>
3. 宣讲人的本场表现记录：
表 4-6　宣讲人的表现记录表
<table>
<tr><th>表现好的方面</th><th>表现不好的方面</th></tr>
<tr><td></td><td></td></tr>
<tr><td></td><td></td></tr>
<tr><td></td><td></td></tr>
<tr><td></td><td></td></tr>
<tr><td></td><td></td></tr>
</table>
</td><td></td></tr>
</table>

续表

实施步骤	主要内容	教师评价
激励规则	1. 在竞争中如何提高组员绩效？ 2. 本组成员是否都明确对抗规则并能抓住对抗胜利的关键要素？ 3. 本周分数记录，本周我的绩效记录。	
难点自析	1. 通过宣讲和答辩，我们发现初始策划中有哪些工作难度较大？ 2. 在项目实施的过程中，我们可能碰到什么样的困难？ 3. 我们是否有应对这些困难的准备？	
请求协助	1. 当我们遇到困难无法解决时，该向谁求助？ 2. 有哪些方法能够帮助我成功得到他人的帮助？ 3. 向他人求助时，我要注意哪些细节？	
集中研讨会	1. 是不是该讨论总结策划报告的修改？ 2. 是不是该讨论策划报告的实施安排？ 请在此处附上会议纪要：	

续表

<table>
<tr><th>实施
步骤</th><th>主要内容</th><th>教师
评价</th></tr>
<tr><td>实施</td><td>1. 项目实施前，我们做了哪些准备工作？

2. 我们在项目实施前的预想是什么样的？

3. 项目实施的过程中可能遇到什么样的问题？

4. 我们可以采取哪些措施去解决这些潜在的问题？</td><td></td></tr>
<tr><td>实施后
阶 段
总结会</td><td>1. 请在此处附上会议纪要。

2. 调整后的计划，请附上计划表。</td><td></td></tr>
<tr><td>实施</td><td>实施过程记录：

表 4-7　实施过程记录表
<table>
<tr><th>工作子项名称</th><th>所遇问题</th><th>解决办法</th></tr>
<tr><td></td><td></td><td></td></tr>
<tr><td></td><td></td><td></td></tr>
<tr><td></td><td></td><td></td></tr>
<tr><td></td><td></td><td></td></tr>
<tr><td></td><td></td><td></td></tr>
<tr><td></td><td></td><td></td></tr>
<tr><td></td><td></td><td></td></tr>
</table></td><td></td></tr>
</table>

续表

<table>
<tr><th>实施步骤</th><th>主要内容</th><th>教师评价</th></tr>
<tr><td>小结</td><td>请在此处附上总结：
1. 这次项目实施中，我总结了哪些经验？

2. 这次项目实施中，我还有哪些不足？</td><td></td></tr>
<tr><td>下周计划</td><td>1. 团队下周计划是什么？

2. 下周计划中我的分工是什么？

3. 我应该采取什么样的方法提高个人绩效？

小知识
提高个人及团队绩效的方法：
● 明确的目标。团队和团队成员都要清晰明白团队存在的意义，也就是团队的根本目标，并坚信这一目标十分重要。只有明确目标，才能有充足的动力，奔着目标努力，提高绩效。
● 合理的分工。高效的团队必然是每个人工作的高效，因此需要结合每个成员的情况，合理的分配任务才能出色的完成任务。
● 团队凝聚力。一个绩效优秀的团队，每个成员之间都是相互充分信任的，对团队有着充分的信心，即便遇到困难也仍然相信团队、队友能够齐心协力共度难关。
● 有效的沟通。团队的工作，离不开沟通，有效沟通是高效工作的基础，是绩效优秀的保障。这里说的有效沟通，是团队内部，也是团队对外的沟通。
● 合适的领导。一个团队，必须有一个带头人，带着大家往前冲，面对困难、解决困难，可以不那么完美，但必须能够组织起凝聚力，当得起支撑后盾。</td><td></td></tr>
<tr><td colspan="3">第三周课前有话：
1. 我们应该如何评估目前的项目实施效果？
2. 如何进行资料收集、归档？
3. 目前遇到了哪些问题？
本周需要关注的能力点：与人合作能力、与人交流能力、企业运营、问题解决能力。</td></tr>
</table>

续表

<table>
<tr><th>实施步骤</th><th>主要内容</th><th>教师评价</th></tr>
<tr><td>项目实施初期宣讲</td><td>
1. 请梳理一下我们目前做了哪些工作：

表 4-8　上周工作梳理
<table>
<tr><th>实施的行动</th><th>效果情况</th><th>简单分析总结</th></tr>
<tr><td></td><td></td><td></td></tr>
<tr><td></td><td></td><td></td></tr>
<tr><td></td><td></td><td></td></tr>
<tr><td></td><td></td><td></td></tr>
<tr><td></td><td></td><td></td></tr>
</table>
2. 宣讲记录：

表 4-9　宣讲记录
<table>
<tr><th>宣讲内容</th><th>所提意见</th><th>解决办法</th></tr>
<tr><td></td><td></td><td></td></tr>
<tr><td></td><td></td><td></td></tr>
<tr><td></td><td></td><td></td></tr>
<tr><td></td><td></td><td></td></tr>
<tr><td></td><td></td><td></td></tr>
<tr><td></td><td></td><td></td></tr>
</table>
3. 本周分数记录，本周我的绩效记录：
</td><td></td></tr>
<tr><td>对抗团队项目实施情况分析</td><td>
1. 对抗团队项目实施情况简述。

2.“对标对表”分析对抗双方的优缺点。

3. 本组的应对策略。
</td><td></td></tr>
</table>

续表

实施步骤	主要内容	教师评价
实施过程问题归因	1. 我们在项目实施的过程中有哪些不尽人意的地方？ 2. 我所做的工作中有哪些不太令人满意之处？ 3. 老师、同学的意见有哪些？	
集中研讨会	请在此处附上会议纪要： 1. 组内是如何找到所面临问题的解决方法？ 2. 组内对下一次实施方案的细则是否进行了讨论？	
项目推进过程	1. 这一周我们团队做了哪些工作？ 2. 这些工作中我负责的是哪部分？ 3. 我负责的这部分的团队绩效如何？ **小知识** 汽车服务中的5S管理： ● 1S：整理（Seiri），整理汽车服务现场，明确哪些是现场需要的，现场只保留必需物品。 ● 2S：整顿（Seition），整顿汽车服务中的物品，必需有规律的摆放，不把找物品的时间浪费，提高工作效率。 ● 3S：清扫（Seiso），清扫服务现场的脏污、垃圾，保持一个干净、明亮现场环境，让顾客舒心、放心。 ● 4S：清洁（Seiketsu），将整顿、整理、清扫的工作进行制度化，维护一个清洁的状态。 ● 5S：素养（Shitsuke），汽车服务人员都能按规章操作、工作、待客，有良好的工作素养。	

续表

实施步骤	主要内容	教师评价
下周计划	1. 团队下周计划是什么？ 2. 下周计划中我的分工是什么？ 3. 我应该采取什么样的方法提高个人绩效？	
第四周课前有话： 1. 中期宣讲应该怎么准备？ 2. 是否准备了可能被问到的问题的答案？ 3. 对于项目进程，团队成员掌握情况是什么样的？ 本周需要关注的能力点：与人合作能力、与人交流能力、企业运营、问题解决能力。		
项目实施中期宣讲	1. 请梳理一下我们目前做了哪些工作：	

表 4-10　上周工作梳理

实施的行动	效果情况	简单分析总结

续表

<table>
<tr><th>实施步骤</th><th>主要内容</th><th>教师评价</th></tr>
<tr><td>项目实施中期宣讲</td><td>2. 宣讲记录：
表 4-11　宣讲记录<table><tr><th>宣讲内容</th><th>所提意见</th><th>解决办法</th></tr><tr><td></td><td></td><td></td></tr><tr><td></td><td></td><td></td></tr><tr><td></td><td></td><td></td></tr><tr><td></td><td></td><td></td></tr><tr><td></td><td></td><td></td></tr><tr><td></td><td></td><td></td></tr></table>3. 本周分数记录，本周我的绩效记录：</td><td></td></tr>
<tr><td>对抗团队项目实施情况分析</td><td>1. 对抗团队项目实施情况简述
2.“对标对表”分析对抗双方的优缺点：
3. 本组的应对策略：</td><td></td></tr>
<tr><td>实施过程问题归因</td><td>1. 在本周项目实施的过程中有哪些表现不佳的地方？
2. 我所做的工作中有哪些不太令人满意之处？
3. 请对问题 1、2 进行内、外归因：</td><td></td></tr>
</table>

续表

实施步骤	主要内容	教师评价
集中研讨会	请在此处附上会议纪要： 1. 组内是如何找到所面临问题的解决方法？ 2. 组内对下一次实施方案的细则是否进行了讨论？ **小知识** 汽车消费者的心理 (1)面子心理。接受服务时，消费者都会有一定的面子心理。需要适当考虑客户的面子心理。 (2)从众心理。消费者往往都有一定的从众心理，比如某店铺前人比较多，往往会从众排队；销量、评论量高也是一种类似的情况。 (3)性价比心理。如果服务和价格搭配的十分好，消费者会感到性价比十分高，有追求品质和价格平衡的心理。 (4)害怕后悔心理。消费者消费时，往往会害怕上当受骗，同时也害怕自己会后悔。商家不能让消费者产生这种心理，不然不仅仅会影响本次消费，还有许多潜在客户、老客户会受影响。 (5)炫耀心理。人们往往会和他人聊起值得炫耀的事情，因此，如果把握好这个心理、这个机会，在客户炫耀时，潜在的客户也在路上了。	
项目推进过程	1. 这一周我们团队做了哪些工作？ 2. 这些工作中我负责了哪些？ 3. 我负责的这部分效果如何？	
下周计划	1. 团队下周计划是什么？ 2. 下周计划中我的分工是什么？	

第五周课前有话：

1. 结题报告如何撰写？

2. 结题预答辩材料整理怎么样了？

3. 本周还有哪些要抓紧的工作？

本周需要关注的能力点：与人合作能力、与人交流能力、信息处理能力、问题解决能力。

实施步骤	主要内容	教师评价
结题预答辩准备情况	1. 请梳理一下目前项目情况：（见表 4-12） 2. 预答辩记录：（见表 4-13） 3. 本周分数记录，本周我的绩效记录：	

表 4-12 目前项目情况

已取得成果	未达到的目标	简单分析总结

表 4-13 预答辩记录

已取得成果	未达到的目标	简单分析总结

续表

<table>
<tr><th>实施步骤</th><th>主要内容</th><th>教师评价</th></tr>
<tr><td>结题预答辩对抗团队情况</td><td>1. 对抗团队项目情况简述：

2. 分析对比双方目前的成绩差距：

3. 若领先，请列举保持领先的策略；若落后，请列举反败为胜的策略。</td><td></td></tr>
<tr><td>冲刺行动会议</td><td>1. 最后一周，我们的项目还需要？

2. 最后一周，我还需要？</td><td></td></tr>
<tr><td>冲刺行动记录</td><td>团队冲刺工作记录：</td><td></td></tr>
<tr><td>汇总结题答辩材料</td><td>1. 结题答辩所需材料准备情况？

表 4-14　结题答辩所需材料准备
<table>
<tr><th>答辩所需材料</th><th>准备情况</th><th>负责人</th></tr>
<tr><td></td><td></td><td></td></tr>
<tr><td></td><td></td><td></td></tr>
<tr><td></td><td></td><td></td></tr>
<tr><td></td><td></td><td></td></tr>
<tr><td></td><td></td><td></td></tr>
<tr><td></td><td></td><td></td></tr>
<tr><td></td><td></td><td></td></tr>
</table>

2. 仍存在的问题：</td><td></td></tr>
</table>

续表

<table>
<tr><th>实施步骤</th><th>主要内容</th><th>教师评价</th></tr>
<tr><td colspan="3">第六周课前有话:
1. 请每组安排组员用手机录制本组的答辩过程。
2. 最后感谢所有帮助过你的老师和同学们。</td></tr>
<tr><td>结题答辩</td><td>将答辩记录记在此处:

最终对抗分数记录:</td><td></td></tr>
<tr><td>对抗结果</td><td>1. 自己的总结

2. 商家的反馈:

3. 老师的总结:

4. 同学的投票:</td><td></td></tr>
</table>

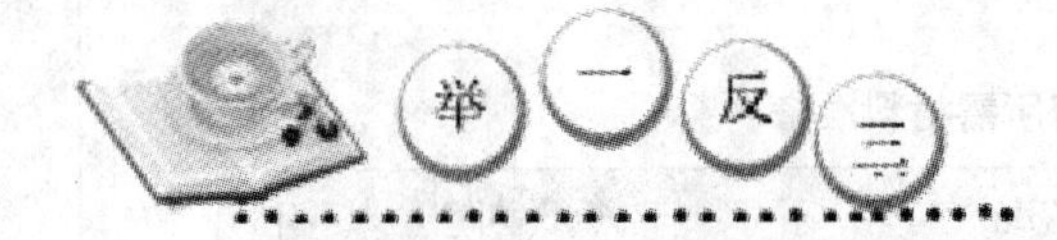

请学有余力的小组完成以下职业关键能力训练项目:

大学生健康发展团队互助策划:

大学生目前是什么样的状态?大学生健康发展有哪些内容板块?如何组织、发动大学生开展团队互助并持续作用?

目前,许多大学生从高中刚毕业的青春昂扬到大学后的迅速层级分化现象十分普遍,许多大学生入学一段时间后反而没了目标、没了斗志,长时间处于一种迷茫的状态。面对这种现象,你们团队想仿照自己团队的学习成长,组织大学生团队互助健康发展。首先进行第一步,大学生健康发展团队互助策划。此策划需要思考到许多现实性的问题,真实面对、解决身边案例或自身案例,必须是一个行之有效的策划。

按照以上话题材料,选择合适的内容,采取职业关键能力的训练方法和最终要求,进行此次项目实践。

学有余力的同学,还可以选修以下课程:

名称	作者	出版社	ISBN	图书图片
《客户关系管理》	韩小芸、彭家敏、申文果	南开大学出版社	978-7-310-053872	
《服务营销》	杨珮	南开大学出版社	978-7-310-04806-9	
《迎销——大数据时代的营销出路》	张文升	南开大学出版社	978-7-310-05318-6	

项目五　信息产业小众产品初创

随着改革开放和市场经济的深入发展，在国家积极鼓励和支持大学生创业的背景下，越来越多的大学生选择自主创业，希望通过自主创业来实现自己的人生价值和理想抱负。“互联网+”不仅给传统行业注入新动力，也给信息产业带来新的发展机遇。在这个倡导大众创业万众创新的新时代，作为电子信息类大学生，我们更需要培养积极进取的创新精神和创业能力。

创业充满无限可能，但对于资金、经验、人脉、能力都有限的大学生来说，创业并非“遍地黄金”。在创业道路上，我们看到有人成功了，有人失败了，本项目让大学生把自己设想为一名信息产业小众产品创业者，意在播下创业的种子，提升学生职业核心能力，帮助学生改变创业初期的成长之痛。

完成本项目的学习和训练，应该达到如图 5-1 所示学习目标。

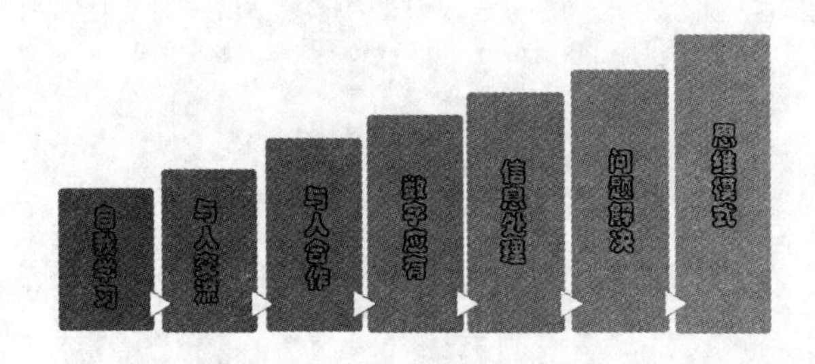

图 5-1　需要达到的学习目标

- 自我学习：①学习撰写创业计划书。②学习创业的各项基本技能。③掌握创办小微企业的流程和小微企业创业扶持政策。④掌握基本的公司财务管理知识。
- 与人交流：①敢于当众演讲并准确表达自己的创业项目。②能够通过面对面交流、市场调研等方法，正确确定产品的市场需要。
- 与人合作：①学会寻找创业伙伴，组建创业团队。②学会激励团队中的队友，化解创业中遇到的分歧。③学会推销自己的创业产品。
- 数字应用：①能够学会以访谈、调查问卷获取所需市场数据。②能够看懂基本的财务报表。
- 信息处理：①学会成本分析、利润分析。②学会制定新产品的开发计划。
- 问题解决：①能够分析项目过程中遇到的困难并提出应对策略。②熟练掌握创新产品的开端到创业计划书的后续工作。

● 思维模式：①学习创业者思维模式。②掌握定价策略、促销策略、销售策略、渠道策略等营销策略。

通过学习本项目，你能够体验创业基本环节，为今后在信息产业创业打下基础。

1. 职业关键能力训练的基本流程（图 5–2）

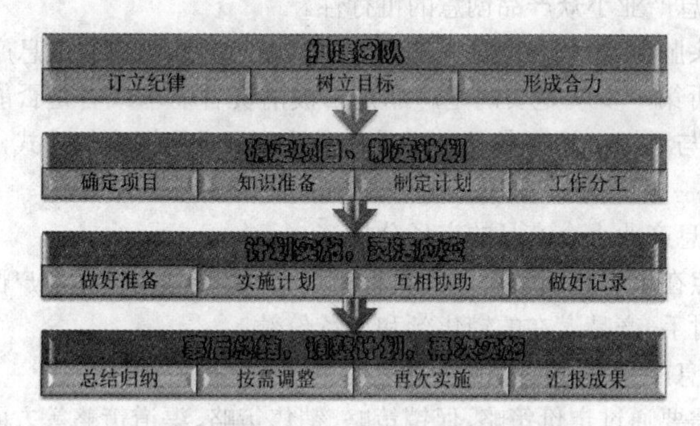

图 5-2　职业关键能力训练的基本流程图

2. 本项目的训练步骤简述

信息产业小众产品初创训练是培养职业院校学生职业能力和职业素养不可或缺的有效途径，其主要训练内容涉及 3 个方面：创新性——利用互联网技术、方法和思维对信息产业小众产品在研发、生产、管理等方面寻求创新；团队建设——团队成员的组织架构和分工科学合理；商业性——调查研究项目市场，完整地描述商业模式。“信息产业小众产品初创”可以参照以如图 5-3 所示步骤进行。

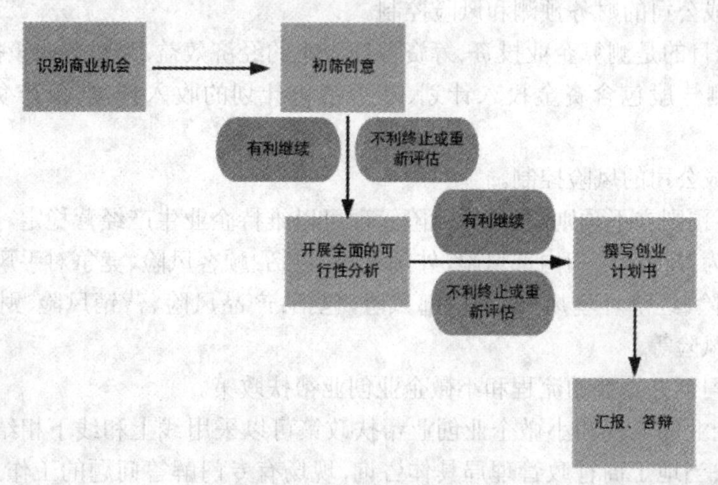

图 5-3　本项目的训练步骤

第一步，认识创业计划书的重要性。

创业计划书分为内部和外部原由，内部原由是指可以统一创业团队成员的思想，使大家围绕相同的目标不断努力。外部原由是指可以实现与外界的沟通交流，提升创业价值，获得商业资本的投资。

第二步，形成一个独特的信息产业小众产品创意。

在撰写创业计划书之前，我们需要创新一个能够满足消费者需求或者能够解决社会问题的有价值的产品。比如说，解决城市停车难的创业项目——智能停车场；解决人口老龄化问题的创业项目——陪伴老人机器人；解决孕妇怀孕不适感和运动量监测问题的创业项目——智能孕妇鞋等等。

第三步，调研信息产业小众产品创意的可行性。

我们可以通过头脑风暴、网络调查、查阅资料等方式形成初步的信息产业小众产品创意，产品创意可行性分析第一步就是要确定产品是否被消费者需求或者是否能够解决社会问题。那么，我们可以通过与目标市场消费者交流或者开展购买意愿调查的方式，从预期消费者处获得产品创意的反馈。

第四步，形成信息产业小众产品的市场分析。

市场分析的重点在于阐述新创公司的目标市场，介绍产品的目标客户群，市场现有的竞争对手和潜在的竞争对手，产品潜在的销售额和市场份额。

第五步，形成信息产业小众产品的营销策划。

营销策略部分需要通过定价策略、促销策略、销售策略、渠道策略等方面来展示营销策略。营销策略分析应该以消费者为导向，强调产品的优势，区分同类别的产品以及如何让消费者认识产品。

第六步，制定信息产业小众产品的开发计划。

产品开发计划是指有目的、有计划、有步骤地发展新产品的计划，大多数创业者会经历从产品理念、产品成型、初步生产向全面生产发展的逻辑路径。新产品开发计划一般要包含产品名称及说明、销售方式、价格、市场状况、销售预测、生产计划、制造过程，使用设备、人力计划等因素。

第七步，形成公司的财务预测和风险控制。

财务预测的目的是测算企业投资、筹资各项方案的经济效益，为财务决策提供依据。初创公司的财务预测一般包含资金投入计划、基于销售计划的收入预测、资产负债表和资产利润表。

第八步，形成公司的风险控制。

正所谓凡事预则立不预则废，进行风险管理可以维持企业生产经营稳定。公司的风险，根据来源不同，分为外部风险和内部风险，外部风险，包括：顾客风险、竞争对手风险、政治环境风险、法律环境风险、经济环境风险等；内部风险，包括：产品风险、营销风险、财务风险、人事风险、组织与管理风险等。

第九步，学习创办企业的流程和小微企业创业帮扶政策。

了解创办企业的流程和小微企业创业帮扶政策可以采用线上和线下相结合的学习方式，线下可以直接去当地工商行政管理局具体咨询，现场有专门解答问题的工作人员。线上可以登录政府网站、工商行政管理局网站、中国中小企业信息网等官方网站进行详细了解。

本步骤仅作为参考，在项目实施过程中若遇到突发的情况，教师或学生可根据情况进行调整。

1. 情景导入

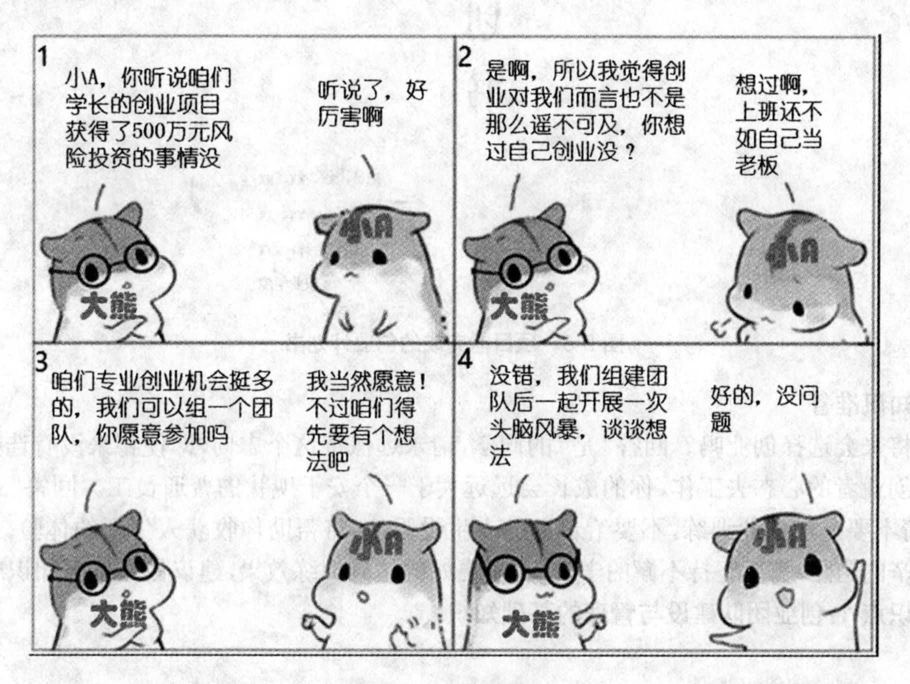

图 5-4　情景导入

在本项目中，学生将扮演创业者，组建了一个创业团队，正在创办一家公司。创业是一项非常复杂的系统工程，大熊和他的朋友们都必须努力学习创业相关知识、与他人沟通交流创业经验，积极寻求合作伙伴，充分调研市场需求，熟悉企业日程管理活动，希望能够创业成功。

2. 成果要求

表 5-1　学生需提交材料列表

所需材料名称	数量	备注
创业计划书	1 份	模板详见附录 4
职业关键能力项目结题报告	1 份	模板详见附录 1
结题汇报 PPT	1 份	
汇报录像	1 份	
佐证材料（图片、调查表等）	不限	
完成本项目任务实施部分	所有要求填写的内容	

XXX（项目名称）

创

业

企

划

书

成员：XX、XX、XX

XX、XX

指导老师：XXX

XX 职业学院

图 5-5 项目需完成的创业计划书

3. 知识准备

你将来会选择创业吗？回答“是”的同学，请永远保持这个志向，即便将来没有选择创业，以一颗创业者的心态去工作，你的成长会远远大于一个安于现状的普通员工。回答“否”的同学，也请不要排斥创业训练，不要给自己的人生设限，它将帮助你收获人生新的体验。创业是一条艰辛的道路，需要坚持不懈的学习，为了更好的达到训练效果，建议做好以下知识准备。

知识点 1：创业团队建设与管理的基础知识

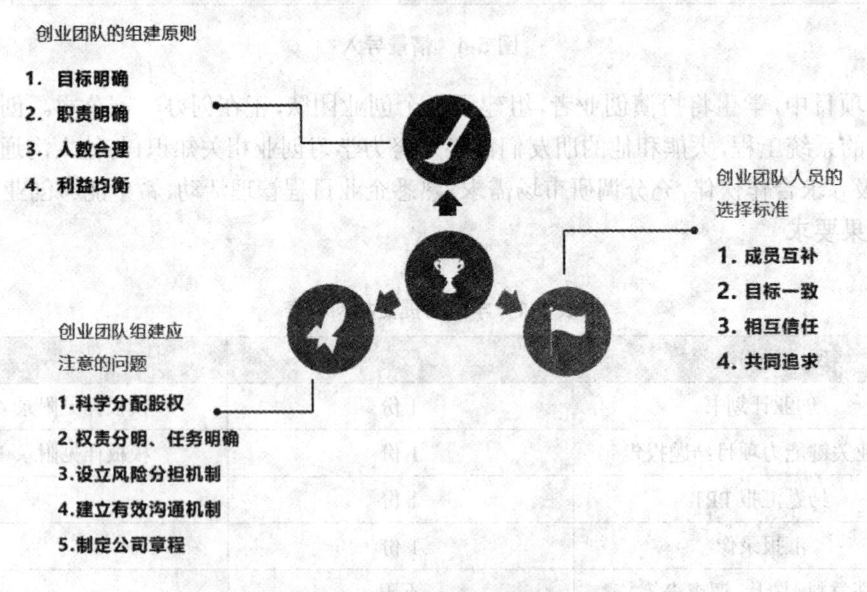
创业团队的组建原则
1. 目标明确
2. 职责明确
3. 人数合理
4. 利益均衡
创业团队人员的
选择标准
1. 成员互补
2. 目标一致
3. 相互信任
4. 共同追求
创业团队组建应
注意的问题
1.科学分配股权
2.权责分明、任务明确
3.设立风险分担机制
4.建立有效沟通机制
5.制定公司章程

图 5-6 组建创业团队的基本知识点

知识点 2:撰写创业计划书的基础知识

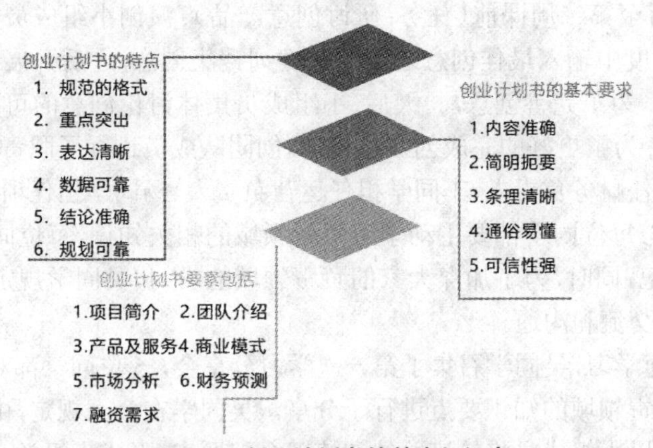

图 5-7　创业计划书的基本知识点

创业基础课程学习视频:

《创业学》,万门大学,中国人民大学,祁大伟

图 5-8　创业基础课程

4. 案例举例

例子项目:信息产业小众产品初创

项目简介:创业活动总是存在一定风险,尤其对刚刚进入社会的大学生更是如此。职业核心能力训练课程以培养学生职业素养和职业能力为主线,重视学生创新思维和创业能力的培养。技术创业是大学生创业的主渠道。利用项目训练机会,大学生可以尝试把在校期间学习到的专业知识转化成生产力,通过寻找创新创业的方向来给自己择业增加筹码。

项目参与小组:软件 1701 班疯创小组

项目指导老师:周老师

项目开展时间:第 25~30 周

项目开展流程简述(按行课周):

(1)第一周课上(任务:团队组建):根据指导老师周老师的分组要求，5 位同学组成了疯创小组。在小组成立以后,通过组内竞选,吴同学担任队长。吴同学召集全组队员进行了第一次会议,定下了全组的最高目标:形成有价值的创新产品,高质量完成创业计划书、职业关键能力项目结题报告,项目参加校级创新创业比赛获奖;最低目标:形成有价值的创新产品,高质量完成创业计划书、职业关键能力项目结题报告,项目得分全班第一。同时,全组定下小组纪律,明确项目任务,规范组员责任。吴同学布置了小组成员第一个任务,一天后,小组再次集中研讨创意产品。

（2）第一周课后至第二周课前（任务：研讨创意产品）：疯创小组成员为了获得产品创意，首先利用网络，在百度中输入最佳创意之类的关键词搜集创意，之后开展头脑风暴，产生更多具有独创性的想法。为了完善创意，一天后，小组成员集体讨论创意的可行性，最终形成了三个不同类别的创意。为了更好的完成创业项目，疯创团队成员进行了职责分工，吴同学担任项目负责人、张同学担任财务负责人、李同学担任运营负责人、杨同学担任项目开发负责人、黄同学担任销售负责人。每位同学都要主动学习负责领域的相关知识，每位同学每天都必须在小组群中分享学习日记，同时，为了加深大家的负责领域的学习，吴同学规定了小组的集中学习时间，方便大家及时交流和沟通。

经过 4 天的快速学习，吴同学召集了第一次学习分享会，5 位同学都对自己这几天的学习进行了总结，并对负责领域的知识要点进行了分享。吴同学在会上规定，由于每周都要召开一次集中学习会议，所以小组成员将轮流总结和梳理会议要点，形成小组学习备忘录。分享结束后，疯创小组制定了项目的初始计划，并对第一次课堂宣讲任务进行了分工。小组成员轮流担任发言人，张同学作为第一次课堂宣讲的主讲人，黄同学负责制作宣讲的 PPT。

（3）第二周课上（任务：创意宣讲）：张同学作为小组的发言人，声音洪亮、姿态自然，向周老师和其他小组同学阐述了团队的创意产品和创业计划。在提问环节中，其余小组向张同学提问，在对疯创小组创意产品进行了详细了解后，提出了更为合理的建议，现场讨论十分激烈。

小组成员李同学积极记录其他小组提出的问题和整改意见，队长吴同学对张同学没有详细说明之处进行了补充说明。周老师也对疯创小组创意产品提出了几点建议：一是创新产品要符合社会趋势，比如外卖大行其道，其原因不是因为大家喜欢外卖，而是点外卖最节省时间；二是创新产品能够解决社会问题，比如解决停车难问题的手机 APP；三是创新产品能够方便人们生活，比如智能水杯、智能家居等。高老师建议疯创小组从这三个方面继续思考，完善创意产品。经历了前几个项目的训练，疯创小组的项目初始计划比较清楚、详实，得到了高老师和其他小组成员的一致认可。

（4）第二周课后至第三周课前（任务：开展可行性调查）：吴同学召集小组成员开会，大家结合高老师课堂上提出的建议对创意产品展开了充分的研讨。李同学认为，每个同学在寝室的时间都超过了在校时间的三分之一，很有必要提高学生寝室舒适度，所以提出智能寝室创意。李同学的想法得到了其他队员的响应，疯创团队将修订后的创意产品发给周老师审阅。周老师审阅后，建议疯创小组可以进行产品可行性调查。

两天后，疯创小组进行第一次产品可行性调查，主要采用的是访谈法，访谈的对象是随机找的同校学生。大家都觉得智能寝室这个创意很有新意，而且对提升大家生活质量很有帮助，但是智能寝室涉及的产品有好几种，并不是每个产品都对大家有吸引力。通过第一次产品可行性调查，疯创小组了解了其他同学对智能寝室的看法，大的方向是没有问题的，但是产品方面仍需进一步调整，设计出的产品需要更加符合学生的生活习惯。

组长吴同学在第一次产品可行性调查后，立即召集会议，会议集中研讨了调研过程中其他同学对智能寝室的意见和建议。通过集体讨论，疯创小组进一步调整了智能寝室创意。

为了确定智能寝室创意的可行性，吴同学组织小组成员再一次对智能寝室创意产品进行调研，这一次的调研更加的详实，不仅针对在校学生，也调查了学校老师对智能寝室的看法。

次日，疯创小组再一次进行了产品创意可行性调研，小组这一次选择了用调查问卷的方式分成两组分别对老师和学生进行调研。A 队选择从自己熟悉的老师处着手，希望通过老师们的视角来了解产品创意的可行性。很显然，疯创小组的这一选择很明智，他们积极向上的精神风貌感染了老师，除了个别确实特别忙碌的老师没有配合外，大多数老师都积极配合完成调查问卷，有些老师还很有耐心的写了建议。B 队选择走访学生寝室，通过在学生寝室发放、回收调查问卷的方式进行调研。

完成调研后，疯创小组将调查问卷进行了数据分析，除了存在个别废卷问题以外，本次调研对项目接下来的实施有很重要的指导价值。小组队伍齐心协力将创意产品进行了再次修订。同时小组商议决定，李同学在下一次课上进行宣讲。

（5）第三周课上（任务：课堂宣讲）：李同学性格内向、害羞，当众演讲经验不足，站到台上说话，声音很小，导致教室后排的同学听得很吃力。李同学宣讲完毕后，到了提问环节，可能大家听得不清楚，其他小组无一人提出疑问或是建议，场面一时有些冷场。这时，队长吴同学举手示意，对创意产品进行了补充说明。

通过两周的持续修订，疯创小组的创意想法更加成熟。周老师和同学们也对疯创小组的创意项目给与了积极肯定，这些都增强了队员们完成项目的信心。

（6）第三周课后至第四周课前（任务：撰写创业计划书框架）：疯创小组接下来的任务就是要完成创业计划书框架的撰写，疯创小组成员都没有创业实践经验，对创业计划书的撰写也不清楚。根据项目完成要求，创业计划书要包含项目简介、团队介绍、产品及服务、商业模式、市场分析、竞争分析、营销策略、发展状况、财务预测、风险控制等内容，因此，一级提纲是非常清楚的，现在小组的任务就是要细分二级提纲。所以队长吴同学安排小组队员通过网络学习的方式，先自行了解创业计划书的基本结构和内容，再安排时间统一研讨。

三天后，吴队长召集小组成员集中撰写创业计划书框架，小组成员结合自己这几天的学习，依次按照项目简介、团队介绍、产品及服务、商业模式、市场分析、竞争分析、营销策略、发展状况、财务预测、风险控制等内容各抒己见。张同学非常认真将大家的想法记录下来，整理完成了创业计划书框架。

（7）第四周课上（任务：创业计划书框架汇报）：吴队长担任疯创小组创业计划书框架的讲述人，吴队长发言声音洪亮、抑扬顿挫，姿态自然、大方，得到了周老师和同学们的认可。但是吴队长发言完毕后，周老师指出，疯创小组的创业计划书存在产业分析和目标市场分析缺乏区分的问题。

（8）第四周课后至第五周课前（任务：创业计划书框架修订及第一版撰写）：一天后，吴队长组织小组成员修订了周老师和同学们提出的问题。同时，小组进行了创业计划书撰写的分工，按照小组成员担任的职务，吴同学作为项目负责人负责项目简介的撰写以及统稿，张同学担任财务负责人，负责财务预测、风险控制等内容的撰写；李同学担任运营负责人、负责商业模式、市场分析的撰写；杨同学担任项目开发负责人，负责团队介绍、产品及服务的撰写；黄同学担任销售负责人，负责竞争分析、营销策略、发展状况的撰写。

（9）第五周课上（任务：第一版创业计划书汇报）：本周课的宣讲者为项目运营负责人的李同学，他将通过 PPT 将创业计划书展示给老师和同学们。周老师和同学们给出的意见是，从格式层面说，存在字体不统一、有些段落首行没有空两格、行距也不统一的问题；从内容层面说，要继续丰富创业计划书的内容，项目简介、财务预测、商业模式、产品及服务的撰写稍显单薄。周老师提醒，下一周就进入项目答辩阶段，大家要抓紧时间修订完善创业计划书，并及时发给他审阅。只剩下一周的时间，疯创小组感到时间紧、任务重、压力大。

(10)第五周课后至第六周课前(任务：创业计划书修订)：这一周，疯创小组成员过的忙碌而充实，大家按照之前否分工，仔细、认真地修改了自己负责的版块。为了提升创业计划书的质量，吴队长完成统稿后，小组成员再轮流修订完善创业计划书。

(11)第六次课上(任务：结题宣讲、答辩)：吴队长负责结题宣讲，宣讲完毕后，小组成员依次上台，接受大家提问，由于准备充分，疯创小组成员一一解答了大家的问题，答辩顺利结束，智能寝室项目获得了全班第一的好成绩。课后，疯创小组将创业计划书最终版发给周老师存档。

第一周课前有话：
1. 什么是创新？
2. 创新有哪些基本要素？
3. 创新与创业有什么关系？
4. 什么是创业计划书？
5. 撰写创业计划书的理由有哪些？
本周需要关注的能力点：与人合作能力、与人交流能力、自我学习能力、思维模式。

续表

<table>
<tr><th>实施步骤</th><th>主要内容</th><th>教师评价</th></tr>
<tr><td>筹备会议</td><td>解决以下问题：
1. 我们要做什么样的创业项目？
2. 如何组建团结高效的创业团队？
3. 什么是创业计划书？
在此记录筹备会议上的重要议题：
小知识
创业团队构成的“5P”要素
● 目标（Purpose）创业团队要制定团队的共同目标，没有明确的共同目标，创业团队将找不到存在的价值。有了明确的目标，创业团队知道何去何从，特别是在创业困难期，目标将为团队成员导航，继续引导创业团队前进。
● 人员（People）人是创业活动中最宝贵的资源，是实现创业目标最核心的力量。在团队成员的选择方面，既要考虑团队成员的专长、能力了、素质，还要考虑人员的价值观、良好品质等。
● 定位（Place）每位成员在团队中的定位，作为团队成员各自发挥什么样的作用，创业是一项系统工程，创业的各个环节都应该有相应的人来负责，要努力促使团队成员都能发挥最大效用，大家齐心协力解决创业过程中的困难。
● 权力（Power）权力是指创业过程中，企业职、责、权的划分与管理。
● 计划（Plan）创业团队成功的前提是要制定详实的计划，计划的目的是保证创业团队目标的实现。</td><td></td></tr>
<tr><td>项目选题</td><td>1. 老师给出的项目标准是什么？
2. 我们选择的创业项目是什么？</td><td></td></tr>
</table>

续表

实施步骤	主要内容	教师评价
预期意义	1. 我们为什么要选择这个创业项目？ 2. 创业项目的社会意义是什么？ 3. 创业项目能锻炼我们什么样的能力？	
资源准备	1. 为了完成创业任务，我们需要学习哪些方面的知识？ 2. 我们可以去哪里查找这些资源？	
集中研讨会	1. 是不是应该讨论创业项目计划？ 2. 是不是应该讨论创业项目分工？ 3. 在这个创业项目中，我的职责是什么？ 4. 队友们的职责又是什么？ 5. 这次项目中，我准备如何帮助队友们？	
会议总结（结合小组实际完善）	1. 我们还有什么细节需要讨论？ 2. 我们的创业项目存在的风险有哪些？	

续表

<table>
<tr><th>实施步骤</th><th>主要内容</th><th>教师评价</th></tr>
<tr><td>编制计划表、进度表</td><td>1. 进度表应该如何绘制？

2. 除了进度表、计划表，我们还应该做些什么？

小知识
创业项目进度表可以这样绘制：
<table>
<tr><th>序号</th><th>工作事项</th><th>是否完成</th><th>具体完成时间</th><th>备注</th></tr>
<tr><td>1</td><td></td><td></td><td></td><td></td></tr>
<tr><td>2</td><td></td><td></td><td></td><td></td></tr>
<tr><td>3</td><td></td><td></td><td></td><td></td></tr>
<tr><td>4</td><td></td><td></td><td></td><td></td></tr>
<tr><td>5</td><td></td><td></td><td></td><td></td></tr>
<tr><td>6</td><td></td><td></td><td></td><td></td></tr>
<tr><td>7</td><td></td><td></td><td></td><td></td></tr>
</table>
图 5-9　创业项目进度表（样表）</td><td></td></tr>
<tr><td colspan="3">第二周课前有话：
1. 如何创新产品？
2. 商业创意有哪些类型？
3. 创业项目可行性分析是什么？
本周需要关注的能力点：与人合作能力、问题解决能力、思维模式。</td></tr>
</table>

续表

<table>
<tr><th>实施步骤</th><th>主要内容</th><th>教师评价</th></tr>
<tr><td>开题宣讲准备</td><td>
1. 开题宣讲需要准备些什么？
表 5-2　准备资料清单
<table>
<tr><th>准备材料名称</th><th>件数</th><th>负责人</th></tr>
<tr><td></td><td></td><td></td></tr>
<tr><td></td><td></td><td></td></tr>
<tr><td></td><td></td><td></td></tr>
<tr><td></td><td></td><td></td></tr>
<tr><td></td><td></td><td></td></tr>
</table>
2. 如何说服评委通过我们的创业项目？
3. 本组是怎么选定宣讲员的？
</td><td></td></tr>
<tr><td>总结</td><td>项目进行到目前这个阶段，应该总结些什么？</td><td></td></tr>
<tr><td>宣讲</td><td>
1. 宣讲到底要注意哪些问题？
表 5-3　宣讲人的准备
<table>
<tr><th>需准备项目</th><th>宣讲人如何准备</th><th>备注</th></tr>
<tr><td>衣着</td><td></td><td></td></tr>
<tr><td>目光</td><td></td><td></td></tr>
<tr><td>手势</td><td></td><td></td></tr>
<tr><td>礼节</td><td></td><td></td></tr>
<tr><td>讲稿（提词卡）</td><td></td><td></td></tr>
<tr><td>其他：</td><td></td><td></td></tr>
</table>
2. 请将宣讲人的讲述逻辑用流程图表示：
</td><td></td></tr>
</table>

续表

<table>
<tr><th>实施步骤</th><th>主要内容</th><th>教师评价</th></tr>
<tr><td>宣讲过程记录</td><td>
1. 同学们提出了哪些问题？
表 5-4　同学们的意见和建议记录表
<table>
<tr><th>同学们的意见和建议</th><th>本组的对应策略</th></tr>
<tr><td></td><td></td></tr>
<tr><td></td><td></td></tr>
<tr><td></td><td></td></tr>
<tr><td></td><td></td></tr>
</table>
表 5-5　老师的意见和建议记录表
<table>
<tr><th>老师的意见和建议</th><th>本组的对应策略</th></tr>
<tr><td></td><td></td></tr>
<tr><td></td><td></td></tr>
<tr><td></td><td></td></tr>
</table>
2. 宣讲人的本场表现记录：
表 5-6　宣讲人的表现记录表
<table>
<tr><th>表现好的方面</th><th>表现不好的方面</th></tr>
<tr><td></td><td></td></tr>
<tr><td></td><td></td></tr>
<tr><td></td><td></td></tr>
<tr><td></td><td></td></tr>
<tr><td></td><td></td></tr>
<tr><td></td><td></td></tr>
<tr><td></td><td></td></tr>
<tr><td></td><td></td></tr>
</table>
</td><td></td></tr>
</table>

续表

<table>
<tr><th>实施步骤</th><th>主要内容</th><th>教师评价</th></tr>
<tr><td>宣讲过程记录</td><td>**小知识**
什么是电梯式演讲？
麦肯锡公司曾经有一个项目，为一家大客户做咨询。咨询结束后，该项目的负责人在电梯间巧遇了对方的董事长，该董事长向项目负责人询问咨询的结果。结果该项目负责人没能在电梯从30楼到1楼的30秒钟内将咨询结果表达清楚。这件事后，麦肯锡就失去了这一重要客户。从此，麦肯锡公司要求员工必须能在最短的时间内将结果说清楚，抓住事物的本质进行归纳、总结，这就是如今在商界流传甚广的“电梯演讲”的由来。以下列举了一份60秒电梯演讲的提纲，初创者应该仔细领会，认真准备。
● 第一步：阐述创业机会20秒；
● 第二步：阐述产品的市场10秒；
● 第三步：阐述产品怎么去满足客户需求20秒；
● 第四步：阐述创业团队的资质和条件10秒。</td><td></td></tr>
<tr><td>难点自析</td><td>1. 通过宣讲和答辩，我们发现创业项目中有哪些工作难度较大？
2. 在项目实施的过程中，我们为可能碰到什么样的困难？
3. 我们是否有应对这些困难的准备？</td><td></td></tr>
<tr><td>请求协助</td><td>1. 当遇到困难无法解决时，该向谁求助？
2. 有哪些方法能够帮助成功得到他人的帮助？
3. 向他人求助时，要注意哪些细节？</td><td></td></tr>
</table>

续表

<table>
<tr><th>实施步骤</th><th>主要内容</th><th>教师评价</th></tr>
<tr><td>集中研讨会</td><td>1. 是不是该讨论第一次可行性调查的任务安排？

2. 是不是该讨论第一次可行性调查的人员安排？

请在此处附上会议纪要：

小知识
如何撰写可行性分析？
● 首先：说明创业项目具体做什么。
● 其次：对项目进行消费者需求调查。
● 再次：对调查数据进行统计分析。
● 最后：结合调查数据，总结创业项目的利与弊。</td><td></td></tr>
<tr><td>实施</td><td>1. 如果有问卷，我们需要设计哪些问题？

2. 实施的过程中可能遇到什么样的问题？

3. 可以采取哪些措施去解决这些潜在的问题？</td><td></td></tr>
<tr><td>实施后阶段总结会</td><td>请在此处附上会议纪要：

调整后的计划，请附上计划表：</td><td></td></tr>
</table>

续表

<table>
<tr><th>实施步骤</th><th>主要内容</th><th>教师评价</th></tr>
<tr><td>实施</td><td>实施过程记录：

表 5-7　实施过程记录表
<table><tr><th>工作子项名称</th><th>所遇问题</th><th>解决办法</th></tr><tr><td></td><td></td><td></td></tr><tr><td></td><td></td><td></td></tr><tr><td></td><td></td><td></td></tr><tr><td></td><td></td><td></td></tr><tr><td></td><td></td><td></td></tr><tr><td></td><td></td><td></td></tr><tr><td></td><td></td><td></td></tr><tr><td></td><td></td><td></td></tr></table></td><td></td></tr>
<tr><td>小结</td><td>请在此处附上总结：

这次项目实施中，我总结了哪些经验？</td><td></td></tr>
<tr><td colspan="3">第三周课前有话：
1. 如何评估创新产品的商业价值？
2. 阐述如何利用图书馆和网络调查形式商业创意？
3. 如何利用头脑风暴形成商业创意？
本周需要关注的能力点：与人合作能力、问题解决能力、思维模式。</td></tr>
</table>

续表

<table>
<tr><th>实施步骤</th><th>主要内容</th><th>教师评价</th></tr>
<tr><td>实施过程材料整理</td><td>请梳理一下我们目前收集的资料：

表 5-8　所搜集资料列表
<table><tr><th>资料名称</th><th>数量</th></tr><tr><td></td><td></td></tr><tr><td></td><td></td></tr><tr><td></td><td></td></tr><tr><td></td><td></td></tr><tr><td></td><td></td></tr><tr><td></td><td></td></tr><tr><td></td><td></td></tr><tr><td></td><td></td></tr></table></td><td></td></tr>
<tr><td>实施过程问题归因</td><td>1. 在创业项目实施的过程中有哪些不尽人意的地方？

2. 所做的工作中有哪些不太令人满意之处？

3. 造成这些结果的原因可能有哪些？</td><td></td></tr>
<tr><td>集中研讨会</td><td>请在此处附上会议纪要：

1. 组内是如何找到所面临问题的解决方法？

2. 组内对下一次实施方案的细则是否进行了讨论？

请将集中研讨会会议纪要记录如下：</td><td></td></tr>
</table>

续表

实施步骤	主要内容	教师评价
项目推进会	通过了信息产业小众产品创意后，你是否已经有了一套行之有效的方法来开发产品了呢，这一部分需要呈现如何开发你的产品的整体感觉。	

小知识

新产品开发计划表可以这样制定：

产品名称			产品编号		规格/型号			顾客名称	
					开发时程				
序号		工作内容/项目	负责部门	负责人员	计划开始日期	计划完成日期	实际开始日期	实际完成日期	所需建立资料
1	第一阶段：计划和确定项目（立项）	确定新产品项目开发任务来源							顾客采购订单(或)市场调研报告（或）高阶管理层指示单
2		新产品开发制造可行性分析							新产品制造可行性报告
3		新产品开发成本核算报价作业							产品成本核算报价表
4		新产品开发项目顾客需求确定							合同/订单评审表
5		确定新产品项目开发任务							设计和开发任务书
6		组建产品开发小组，职责分工							产品开发小组成员及职责表
7		编制新产品开发策划表							新产品开发策划表
8		产品设计输入评审							设计评审记录表
9		确定设计目标							新产品开发设计目标
10		确定初始材料清单							产品初始材料清单
11		确定初始过程流程图							产品过程流程图
12		确定产品和过程特殊特性初始清单							产品和过程特殊特性
13		管理者支持							管理者支持

图 5-10　某产品开发计划表

第四周课前有话：

1. 创业计划书有什么作用？
2. 撰写创业计划书的要求有哪些？

本周需要关注的能力点：数字应用能力、信息处理能力、与人交流能力。

续表

<table>
<tr><th>实施
步骤</th><th>主要内容</th><th>教师
评价</th></tr>
<tr><td>宣讲</td><td>
1. 同学们提出了哪些问题？

表 5-9　同学们的意见和建议记录表
<table>
<tr><th>同学们的意见和建议</th><th>本组的对应策略</th></tr>
<tr><td></td><td></td></tr>
<tr><td></td><td></td></tr>
<tr><td></td><td></td></tr>
<tr><td></td><td></td></tr>
<tr><td></td><td></td></tr>
</table>

表 5-10　老师的意见和建议记录表
<table>
<tr><th>老师的意见和建议</th><th>本组的对应策略</th></tr>
<tr><td></td><td></td></tr>
<tr><td></td><td></td></tr>
<tr><td></td><td></td></tr>
</table>

2. 宣讲人的本场表现记录：

表 5-11　宣讲人的表现记录表
<table>
<tr><th>表现好的方面</th><th>表现不好的方面</th></tr>
<tr><td></td><td></td></tr>
<tr><td></td><td></td></tr>
<tr><td></td><td></td></tr>
<tr><td></td><td></td></tr>
<tr><td></td><td></td></tr>
<tr><td></td><td></td></tr>
<tr><td></td><td></td></tr>
<tr><td></td><td></td></tr>
</table>
</td><td></td></tr>
<tr><td>实施
修改</td><td>请将修改后的实施计划或策略记录在下：</td><td></td></tr>
</table>

续表

实施步骤	主要内容	教师评价
数据分析、问题归因	请将数据进行分析：	
分析模型	是否使用了某种分析模型？	
分析结果展示	请将数据分析的结果整理后记录在下：	

小知识

销售收入预测表可以这样制定：

		1	2	3	4	5	6	7	8	9	10	11	12	合计
低档	销售数量				300	400	500	600	700	800	900	1000	1100	6300
	平均单价				30	30	30	30	30	30	30	30	30	
	月销售额				9000	12000	15000	18000	21000	24000	27000	30000	33000	189000
中档	销售数量				100	200	300	400	500	600	700	800	900	4500
	平均单价				45	45	45	45	45	45	45	45	45	
	月销售额				4500	9000	13500	18000	22500	27000	31500	36000	40500	202500
高档	销售数量				100	150	200	250	300	350	400	450	500	2700
	平均单价				60	60	60	60	60	60	60	60	60	
	月销售额				6000	9000	12000	15000	18000	21000	24000	27000	30000	162000
	总收入				19500	30000	40500	51000	61500	72000	82500	93000	103500	553500

图 5-11 销售收入预测表（样表）

续表

实施步骤	主要内容	教师评价

分析结果展示

总成本费用估算表可以这样制定：

序号	项 目	合计	计 算 期（年）					
			1	2	3	4	5	6
1	原材料							
2	燃气费							
3	工资及福利费							
4	维护费							
5	其他费用							
6	管理费用							
7	销售费用							
8	经营成本							
9	折旧费							
10	摊销费							
11	利息支出							

单位：万元

图 5-12 总成本费用估算表(样表)

公司经营基本数据表可以这样制定：

项目	2009年	2010年	差异
平均总资产	11736608	13263320	——
平均净资产	8365690	9075612	——
负债	3213613	5161723	——
负债/平均净资产	0.38	0.57	0.19
利息支出	68148	46109	——
负债利息率（%）	2.12	0.89	-1.23
利润总值	928346	1087901	——
税前利润	996493	1134009	——
净利润	752309	868252	——
所得税率（%）	25	25	——
总资产报酬率（%）	8.49	8.55	0.06
净资产收益率（%）	0.08	0.1	0.02

图 5-13 公司经营基本数据表(样表)

续表

实施步骤	主要内容	教师评价
集中研讨会	请在此处附上集中研讨会会议纪要:	

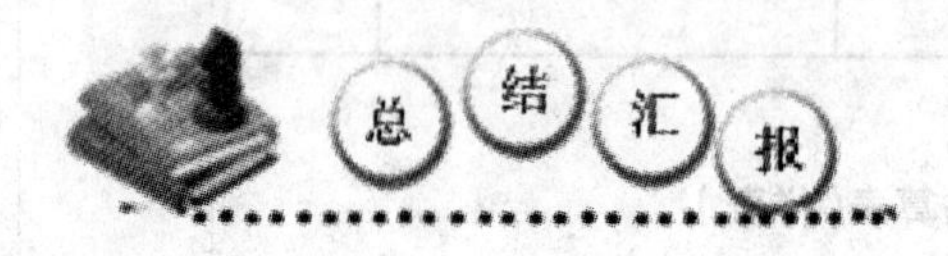

第五周 课前有话: 1. 结题报告如何撰写? 2. 是否将所有所需的材料都一一准备妥当? 本周需要关注的能力点:数字应用能力、信息处理能力、与人合作能力、问题解决能力。		
实施步骤	主要内容	教师评价
为谁解决什么样的问题	1. 一句话概括,你的项目是做什么的。 2. 说明用户痛点及人群。 3. 阐述创新产品带来的价值和好处。 4. 阐述项目的定位,模式和目标。	

续表

实施步骤	主要内容	教师评价
展现市场前景	1. 从微观方面阐述用户需求。 2. 从中观方面通过市场数据来说明市场需求。 3. 从宏观方面通过图文对比来说明创新变革的前景。	
怎样才能高效占领市场	1. 阐述盈利方向。 2. 阐述竞争对手分析（差异化优势）。 3. 阐述产品研发、生产、市场、销售等相关策略。 4. 阐述开发产品时间计划节点和预算。	
团队重述	1. 讲清楚团队的人员组成、分工和股份比例。 2. 介绍团队主要成员的背景和特长。 3. 说清楚团队的优势。	

续表

<table>
<tr><th>实施步骤</th><th>主要内容</th><th>教师评价</th></tr>
<tr><td>财务汇报</td><td>
1. 财务预测（未来一年或者六个月需要多少钱，用这些钱干什么？达成什么目标？）

小知识
如何做好财务预测？
投资者在评估创业项目的价值时，总是会特别关心公司运营及损益的财务状况。财务预测起到估算项目所需要的资金数量、评估整个项目的可行性的作用。本训练项目中的财务预测是一种事前评估。
首先，做好投资的需求预测，包括固定资产、流动资金等的投资评估。
其次，估算项目的收益与成本方面的数据。比如销售价格、销售数量、销售收入的预测。
最后，根据这些数据，编制创业项目的基本报表，包括损益表、资产负债表、财务现金流量表等。
公司财务预测可以这样制定
<table>
<tr><th>科目</th><th>2017 年</th><th>2018 年</th><th>2019 年</th><th>2020 年</th></tr>
<tr><td>销售收入</td><td>6928</td><td>30984</td><td>70788</td><td>119626</td></tr>
<tr><td>主营业务成本</td><td>3049</td><td>7544</td><td>15121</td><td>22774</td></tr>
<tr><td>毛利</td><td>3879</td><td>23439</td><td>55666</td><td>96852</td></tr>
<tr><td>毛利率</td><td>55.99%</td><td>75.65%</td><td>78.64%</td><td>80.96%</td></tr>
<tr><td>营业税金及附加</td><td>232</td><td>1041</td><td>2378</td><td>4019</td></tr>
<tr><td>运营管理</td><td>6283</td><td>11773</td><td>23360</td><td>39476</td></tr>
<tr><td>营业外收入</td><td>2000</td><td>1000</td><td>1000</td><td>1000</td></tr>
<tr><td>利润总额</td><td>636</td><td>11624</td><td>30928</td><td>54356</td></tr>
<tr><td>所得税费用</td><td></td><td>1743</td><td>4639</td><td>8153</td></tr>
<tr><td>净利润</td><td>636</td><td>9880</td><td>26288</td><td>46202</td></tr>
<tr><td>净利润率</td><td>−9.19%</td><td>31.89%</td><td>37.14%</td><td>38.62%</td></tr>
</table>
图 5-14 公司财务预测表

2. 目前的估值，预测融资情况。
</td><td></td></tr>
</table>

续表

实施步骤	主要内容	教师评价
第六周课前有话： 1. 请每组安排组员用手机录制本组的答辩过程； 2. 最后感谢所有帮助过你的老师和同学们。		
结题答辩	将答辩记录记在此处：	

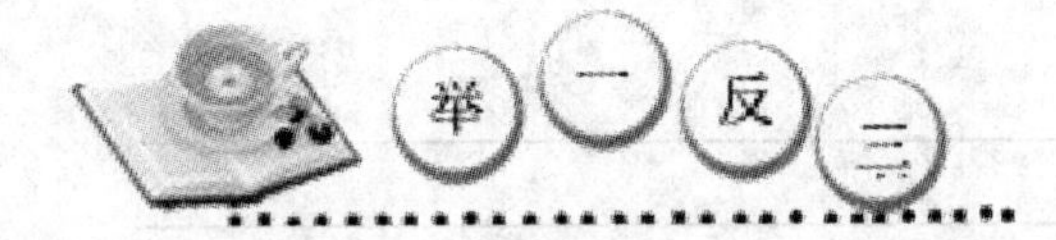

请学有余力的小组完成以下职业关键能力训练项目：

智能产品创业：

某职业院校的微电子技术专业的学生张晓峰，从小喜欢钓鱼，结合自己的兴趣爱好，他设计了一种智能钓鱼装备。为了推广自己的发明创造，晓峰准备参加一个月后的创新创业比赛，这次比赛会有创业导师和风险投资人参加，他希望能够得到投资人青睐，获得资金扶持。直到现在，晓峰始终将精力放在改进智能钓鱼装备上，没有撰写创业计划书，也没有去调研市场需求。

按照以上话题材料，你准备如何去帮助晓峰，采取职业关键能力的训练方法和最终要求，进行此次项目实践。

学有余力的同学，还可以选修以下课程：

名称	作者	出版社	ISBN	图书图片
《预见：创业型小团队的制胜之道》	罗纳德•布朗	北京大学出版社	978-7-301-286418	

附录1

训练项目结题报告

项目名称：________________________________

项目编号：________________________________

组长姓名：________________________________

班　　级：________________________________

组长手机：________________________________

组员姓名：________________________________

指导教师：________________________________

项目年限：________________________________

填表日期：________________________________

一、基本情况

1. 项目情况

项目名称	
团队名称	
预计目标	

2. 组长

姓名		电话		学号	
院系		年级专业		签字	

3. 参与学生情况

学号	姓名	院系	年级专业	联系电话	签字

4. 指导教师情况

姓名	性别	职称	所属单位	联系电话	签字

二、成果简介

(一)项目开展情况简述

(二)项目分工及完成情况简介

姓名	分工	完成情况

(三)成果简介

1. 本项目的目的、社会意义

续表

2. 项目成果的主要内容   3. 项目实施计划表

三、项目实施总结报告

（一）项目实施对象基本情况描述   （二）项目实施设计

续表

(三)项目实施情况综述
(四)项目数据报表与效果评估
(五)项目反思与个人收获
(六)项目后续计划

四、经费使用情况

经费支出情况：

项目	费用

五、指导教师审核意见

项目指导教师对结题的意见，包括对项目研究工作和研究成果的评价等。   指导教师签字： 年 月 日

六、答辩教师审核意见及评分

答辩教师签字：

年　月　日

附录 2

XX 产品新零售方案模板

(一)产品现状分析

(二)产品新零售市场环境分析

续表

(三)产品新零售预期目标分析
(四)产品新零售可行性分析
(五)投资成本分析
(六)产品新零售具体实施过程

附录 3

XX 对抗项目策划书

项目名称：______________________________

项目编号：______________________________

组长姓名：______________________________

组长手机：______________________________

组员姓名：______________________________

指导教师：______________________________

项目年限：______________________________

填表日期：______________________________

<table>
<tr><td colspan="2">项目名称</td><td colspan="6"></td></tr>
<tr><td colspan="2">团队名称</td><td colspan="6"></td></tr>
<tr><td colspan="2" rowspan="3">项目负责人信息</td><td>姓名</td><td></td><td>联系方式</td><td colspan="3"></td></tr>
<tr><td>学院</td><td></td><td>电子邮箱</td><td colspan="3"></td></tr>
<tr><td>专业</td><td></td><td>身份证号</td><td colspan="3"></td></tr>
<tr><td rowspan="4">团队成员信息</td><td>姓名</td><td colspan="2"></td><td>学院 / 专业</td><td></td><td>联系方式</td><td></td></tr>
<tr><td>姓名</td><td colspan="2"></td><td>学院 / 专业</td><td></td><td>联系方式</td><td></td></tr>
<tr><td>姓名</td><td colspan="2"></td><td>学院 / 专业</td><td></td><td>联系方式</td><td></td></tr>
<tr><td>姓名</td><td colspan="2"></td><td>学院 / 专业</td><td></td><td>联系方式</td><td></td></tr>
<tr><td>指导教师信息</td><td>姓名</td><td colspan="2"></td><td>学院 / 部门</td><td></td><td>联系方式</td><td></td></tr>
<tr><td>项目简介</td><td colspan="7"></td></tr>
</table>

续表

<table>
<tr><td rowspan="3">实施分析</td><td>项目目标：</td></tr>
<tr><td>准备知识：</td></tr>
<tr><td>我们的优势与不足：</td></tr>
</table>

实施

第一周：

目标	分工	
	姓名	任务

第二周：

目标	分工	
	姓名	任务

第三周：

目标	分工	
	姓名	任务

续表

<table>
<tr>
<td>实施</td>
<td>
第四周：
<table>
<tr><td>目标</td><td colspan="2">分工</td></tr>
<tr><td rowspan="6"></td><td>姓名</td><td>任务</td></tr>
<tr><td></td><td></td></tr>
<tr><td></td><td></td></tr>
<tr><td></td><td></td></tr>
<tr><td></td><td></td></tr>
<tr><td></td><td></td></tr>
</table>
第五周：
<table>
<tr><td>目标</td><td colspan="2">分工</td></tr>
<tr><td rowspan="6"></td><td>姓名</td><td>任务</td></tr>
<tr><td></td><td></td></tr>
<tr><td></td><td></td></tr>
<tr><td></td><td></td></tr>
<tr><td></td><td></td></tr>
<tr><td></td><td></td></tr>
</table>
第六周：
<table>
<tr><td>目标</td><td colspan="2">分工</td></tr>
<tr><td rowspan="6"></td><td>姓名</td><td>任务</td></tr>
<tr><td></td><td></td></tr>
<tr><td></td><td></td></tr>
<tr><td></td><td></td></tr>
<tr><td></td><td></td></tr>
<tr><td></td><td></td></tr>
</table>
</td>
</tr>
</table>

续表

<table>
<tr><td>项目
改进
记录</td><td><table><tr><th>时间</th><th>改进部分</th></tr><tr><td></td><td></td></tr><tr><td></td><td></td></tr><tr><td></td><td></td></tr><tr><td></td><td></td></tr><tr><td></td><td></td></tr><tr><td></td><td></td></tr><tr><td></td><td></td></tr><tr><td></td><td></td></tr></table></td></tr>
<tr><td>团队
管理</td><td>团队公约：

绩效激励：</td></tr>
<tr><td>财务
预算</td><td><table><tr><th>预算单项</th><th>金额</th></tr><tr><td></td><td></td></tr><tr><td></td><td></td></tr><tr><td></td><td></td></tr><tr><td></td><td></td></tr><tr><td></td><td></td></tr><tr><td></td><td></td></tr><tr><td>合计</td><td></td></tr></table></td></tr>
</table>

附录 4

XX 文化传播有限公司创业计划书

学 院:______________________

项目名称:______________________

项目负责人:______________________

项目成员:______________________

指导教师:______________________

联系电话:______________________

摘要：

XX文化传播有限公司，正式成立于2018年11月13日，作为一个新兴企业，公司的各方面尚不成熟，需多方面研究分析，制定出适合公司发展的项目策划书。该项目策划书对XX文化传播有限公司进行了详细分析，并制作初了相应的方案，主要内容包括了前期准备工作、创立初期运行以及后期发展战略等。并且由各个方面来分析证明，该项目的发展前景。

而发扬中华民族传统文化，将其转化为人们日常生活中的一种重要活动与生活方式，使中中华民族传统文化重新踏入人类文化潮流的领军阵容，动态开发，关注市场需求信息，充分利用现有的深厚文化底蕴，实现中华民族伟大文化复兴，实现企业与文化共同发展。

且本项目实施周期短、投入低、市场需求大、效益明显、可拓展性强、具有很强的文化、服饰等竞争性优势。

关键词：

X山、传统文化、文化传播

目录

前言

1. 项目背景

历史背景:“中国有礼仪之大,故称夏;有章服之美,谓之华。”中国自古就被称为“礼仪之邦”“衣冠上国”,五千年文明更是源远流长。

……

企业背景: XX 文化传播有限公司始于 2015 年 8 月,于 2018 年 11 月正式成立。是 X 山第一家汉文化主题企业。

……

2. 发展历程

(1)2015 年 8 月,首次协助 X 山街道办事处举办七夕传统文化活动。

(2)2016 年 1 月,同 X 山兴汉群举办第一届兴汉年会。

(3)2018 年 1 月,XX 汉风第五届年会暨第一届汉风文化周协办。

(4)2018 年 3 月,XX 汉风花朝节活动协办。

(5)2018 年 6 月,XX 汉风端午活动协办。

(6)2019 年 8 月,XX 汉风七夕节活动协办。

(7)2019 年 11 月,XX 文化传播有限公司正式成立。

(8)2019 年 11 月,XX 汉服协会招新活动赞助商。

3. 区域文化特点

自习总书记提出“文化自信”之后,越来越多的人开始认识到传统文化的魅力,如今,中华民族传统文化在人们特别是年轻人之间广为流传。X 山区近年来发展迅速,先后修建湿地公园、秀湖公园、东岳公园等一系列古建筑园区,加速了 X 山的经济发展、展现了千年 X 山的文化内涵。

……

4. 文化的经营与传播

……

第一章　项目概述

1.1　项目名称

XX 文化传播有限公司

1.2　项目简介

公司创立前期的发展规划

1.3　企业概况

1.3.1　公司地址

XX 市 X 山区璧泉街道体育巷 33 号

1.3.2　经营范围

①各类文化艺术活动策划及执行（含演出）；
②……
③……

1.4　企业架构

企业创立初期，大多以合作为主发展业务，有效地节约了本公司的人力资源。企业具体架构如表 1.1。

表 1.1

部门	人数	工作内容
策划部	1 人	文案的编辑策划
设计部	1 人	舞台设计、服饰设计
市场部	3 人	市场调研与销售
后勤部	3 人	摄影摄像、音控

第二章　市场分析

2.1　市场定位

2.1.1　地区定位

XX经济发达且有大量以仿古建筑为主体的蕴含文化背景的风景区。

2.1.2　潜在市场

……

2.1.3　消费主体定位

具有XXXXXX的青年及中年。

2.2　市场分析

市场需求：经过人群广泛调查，目前该领域的市场存在着两类市场需求。
……

2.2.2　高层次文化内涵的需求

主要是对汉服所代表的汉文化内涵关注的人群……

第三章 发展战略

3.1 发展规划

1. 前期资金有限的条件下，在合适的地段租用、建立品牌形象，以简洁、传统的装修风格，引人入胜的展示形式，吸引具有一定文化层次的中高端客户。

2. 在万维网租用空间，申请域名，建立公司形象网站。

3.……

4.……

3.2 市场推广

3.2.1 主要推广手段

1. 开业一周内，针对老客户进行回访，并作出相应的活动回馈新老客户，加大宣传力度，扩大品牌知名度。

2. 网站运营期间进行网络推广，建立专用的网站市场推广平台和信箱，按营销策划目标作为网站的引擎注册、链接登录交易及友情提交，响应浏览客户，策划商业经济和信息资源的市场行为。

3. 在外出的文化宣传活动中进行公司品牌宣传，以合作商或赞助商的形式参与其中，扩大企业品牌影响力，同时设立正确目标。

4.……

3.2.2 开业推广活动

1. 线上宣传：微信、微博转发等。

2. 线下广告：传单、名片等。

第四章　营销计划

4.1　产品策略

……

4.2　定价策略

1. 定价目标：……
2. 价格策略：……

4.3　促销策略

1. 新品促销：……
2. 换季促销：……
3. 关系销售：……
4. 活动促销：……

4.4　进货渠道

1. 汉服代理商：……
……

第五章 盈亏分析

5.1 前期投资

1. 实体店面租用、内外部装修、网络接入、其他办公设施的设备与安装、调试费用；
2. 网络域名注册、空间租用、网站建设费用；
3. 员工工资和外勤专项支出；
4. 业务与市场支出；
5. 办公及物管支出；
6. ……

5.2 投资预算

企业创立初期，各项投入资金较大，初期一切在保证质量和效果的前提下这，以节约成本为主。初期投资预算参见表 5.1。

表 5.1

名称	单价（元）	数量	金额（元）
房屋租赁	18 000/ 年	/	18 000
房屋押金	2 000	/	2 000
店面装修	8 000	/	8 000
企业税务	3 000/ 年	/	3 000
展柜	1 050+170	3	3 660
桌椅	3500	1 套	3 500
茶具	800	1 套	800
茶叶	500/ 斤	2 斤	1 000
广告宣传	500	/	500

续表

进货	10 000	/	10 000
企业注册	750	/	750
室内装饰	600	/	600

合计：51 810 元。

5.3　前期收益来源

1. 淘宝上产品的销售。
2. 实体店代理服饰的销售。
3. 大型活动的服装租赁。
4. 活动的文化方面咨询、策划。
5. ……
6. ……
7. ……
8. ……
9. ……

5.4　产品服务定价

本企业的产品与服务根据不同的类型，价格不同，部分区间跨度较大。
初期定价参见表 5.4。

表 5.4

名称	定价	备注
普通汉服租赁	150~300/ 套	/
礼服、婚服租赁	500~2 000/ 套	/
普通饰品租赁	原价 ×20%/ 个	/
新娘饰品租赁	300~2 000/ 套	铜制 300/ 套，银制 1 200~2 000/ 套
普通饰品	进价 ×1.4/ 个	具体根据厂家价格制定
写真服务	1 280/ 套 / 人	根据实际套数相应优惠
化妆服务	200~2 000	普通造型 200~500，婚礼造型 1 200~2 000
婚庆服务	20 000 起	根据客户需求定制婚礼报价

第六章　项目进度安排

本项目自2015年开始策划,于2019年10月正式实施。

6.1　短期实施进度安排(表6.1)

表6.1

时间	内容
10.20~10.27	店面选址
10.28~10.30	商谈并签约
11.01~11-16	门店装修
11.17~11.18	宣传,联系业务
11.19	开业
11.19~11.22	开业及汉服节活动促销
11.23~11.30	约谈X山各大婚庆

6.2　未来规划

1. 发展并占领X山汉式婚礼市场,并使之成为主流。
2. 树立品牌形象,培养忠诚客户。
3. 开设相关汉文化培训业务。
4. 其他。

第七章　风险预测及规避

7.1 风险

7.1.1　市场风险

1. 来自消费群的风险：群众对汉文化和古礼的接受程度需要慢慢发展，在一定时期内可能会限制产品量。

2. 对策：……

7.1.2　来自竞争者的风险

1. 来自目前存在的竞争者的竞争压力：目前汉服销售行业存在的主要竞争者只有很少几家，就是明华堂，重回汉唐，双玉瓯等，其他的的产品走的路子是影视服装路线，用户群主要分布在中小城市，产品风格和内涵方面属于低端策略。

2. 对策：……

7.1.3　来自后来跟进者的竞争压力

跟进者可以拷贝我们的成功的管理经验、宣传方式甚至企业理念，也可以回避掉用户群没有充分开发的风险。

7.2　风险的规避

……

第八章 评价与总结

8.1 总结

1. 由文化发展、经济形势、市场及相关模型分析证明，此项目实施有利。项目定位明明确，服务与市场均有良好的表现空间和内涵，切中发展需求。

2. 公司发展内容以区域文化环境资源为主，联络内外、协调东西，并且具有广泛的受众和良好的互动性，能够完成定制化、个性化服务。

3. ……

8.2 经验分析

1. 良好市场推广行为和员工激励、管理机制，是公司成功运作的一个关键和易丢失的环节。

2. 保持专业性和权威性是公司思路的核心。

3. ……